Enfrentando
o câncer

A Artmed é a editora
oficial da FBTC

S934e Stuntz, Elizabeth Cohn.
　　　　Enfrentando o câncer : habilidades da terapia comportamental dialética (DBT) para lidar com suas emoções e equilibrar as incertezas com esperança / Elizabeth Cohn Stuntz, Marsha M. Linehan ; tradução: Sandra Maria Mallmann da Rosa; revisão técnica: Vinícius Guimarães Dornelles. – Porto Alegre : Artmed, 2022.
　　　　xi, 166 p. : il. ; 28 cm.

　　　ISBN 978-65-5882-039-0

　　　1. Psicoterapia. 2. Terapia comportamental dialética. 3. Câncer – Tratamento. I. Linehan, Marsha M. II. Título.

CDU 159.9:615.851

Catalogação na publicação: Karin Lorien Menoncin – CRB 10/2147

Elizabeth Cohn **Stuntz**
Marsha M. **Linehan**

Enfrentando o câncer

habilidades da Terapia Comportamental Dialética (DBT) para lidar com suas emoções e equilibrar as incertezas com esperança

Tradução
Sandra Maria Mallmann da Rosa

Revisão técnica
Vinícius Guimarães Dornelles

Psicólogo. Mestre em Psicologia – Cognição Humana pela Pontifícia Universidade Católica do Rio Grande do Sul (PUCRS). Primeiro e único treinador de Terapia Comportamental Dialética oficialmente reconhecido pelo Behavioral Tech nativo de língua portuguesa. Dialectical Behavior Therapy: Intensive Training (Behavioral Tech e The Linehan Institute, nos Estados Unidos). Formacion en Terapia Dialectico Conductual (Universidade de Lujan/Argentina). Formação em tratamentos baseados em evidência para o transtorno da personalidade borderline (Fundacion Foro/Argentina). Especialização em terapias cognitivo-comportamentais (WP), coordenador local do Dialectical Behavior Therapy: Intensive Training Brazil e sócio-diretor da DBT Brasil.

Porto Alegre
2022

Obra originalmente publicada sob o título
Coping with Cancer: DBT Skills to Manage Your Emotions – And Balance Uncertainty with Hope
ISBN 9781462542024

Copyright © 2021 Elizabeth Cohn Stuntz and Marsha M. Linehan
Published by arrangement with The Guilford Press

Gerente editorial
Letícia Bispo de Lima

Colaboraram nesta edição:

Coordenadora editorial
Cláudia Bittencourt

Capa
Paola Manica | Brand&Book

Leitura final
Heloísa Stefan

Editoração
Ledur Serviços Editoriais Ltda.

Reservados todos os direitos de publicação, em língua portuguesa, ao
GRUPO A EDUCAÇÃO S.A.
(Artmed é um selo editorial do GRUPO A EDUCAÇÃO S.A.)
Rua Ernesto Alves, 150 – Bairro Floresta
90220-190 – Porto Alegre – RS
Fone: (51) 3027-7000

SAC 0800 703 3444 – www.grupoa.com.br

É proibida a duplicação ou reprodução deste volume, no todo ou em parte, sob quaisquer formas ou por quaisquer meios (eletrônico, mecânico, gravação, fotocópia, distribuição na Web e outros), sem permissão expressa da Editora.

IMPRESSO NO BRASIL
PRINTED IN BRAZIL

Autoras

Elizabeth Cohn Stuntz, LCSW, psicoterapeuta com atuação profissional em Mamaroneck, Nova York, é uma sobrevivente de câncer e estudante de zen. Depois de muitos anos de envolvimento com serviços para pessoas com câncer e seus entes queridos, ela desenvolveu um programa de habilidades de enfrentamento baseado na DBT. Ela faz parte do corpo docente do Westchester Center for Psychoanalysis and Psychotherapy.

Marsha M. Linehan, PhD, ABPP, a desenvolvedora da terapia comportamental dialética (DBT), é professora emérita de psicologia e diretora emérita da Behavioral Research and Therapy Clinics, na Universidade de Washington. Suas contribuições à pesquisa da psicologia clínica têm sido reconhecidas com inúmeros prêmios. Em 2018, foi destaque em uma edição especial da revista *Time*, "Great Scientists: The Geniuses and Visionaries Who Transformed Our World". Ela é graduada como mestre zen.

*À minha querida família: meu marido, Mike, nossos filhos e nossos netos –
Ali, Ben, James, Mollie, Katie, Audrey, Alfie, Ronan, Imogene e Austin.
Este livro é escrito em homenagem aos entes queridos que enfrentam o câncer e
em memória afetuosa de estimados familiares e amigos levados por essa doença,
incluindo minha mãe, Myra Stein Cohn, e minha avó, Miriam Levy Cohn,
assim como Barbara Bennett-Rones, Bruce Macfarlane, Amy Kohlberg Quinlan,
Barry Rader, Debbie Ron e Lynn Wehrli.*
E. C. S.

*Este livro é dedicado à memória afetuosa de minha mãe, Ella Marie,
e a todos os pacientes de câncer e àqueles que os amam e zelam por eles.*
M. M. L.

Agradecimentos

Elizabeth Cohn Stuntz
Este livro é um testemunho do poder da conexão e da comunidade. Foram muitas as pessoas que me apoiaram e trabalharam comigo, leram os rascunhos e forneceram *feedback* e críticas construtivas.

Esta obra jamais teria se tornado realidade sem o espírito e o brilhantismo de Marsha Linehan. Minha amiga, mentora e mestre zen que sempre acreditou em mim. Sempre se mostrou aberta às minhas ideias mesmo quando eram muito diferentes das dela, proporcionando-me um especial equilíbrio entre me desafiar e encorajar ao mesmo tempo. Seu compromisso de toda uma vida de ajudar o maior número possível de pessoas foi um farol que me levou adiante.

Meu marido, Mike, contribuiu com sua presença amorosa constante e apoio imensurável durante todo o processo de escrita deste livro. Assim como Marsha, ele me desafiou e me encorajou, durante os meus altos e baixos, a manter o foco na minha prioridade de ajudar outras pessoas a manejar a vida com câncer. Sem experiência em DBT, ele foi um grande leitor, sempre me ajudando a tentar deixar claro meu objetivo central. Ele revisou tantos rascunhos que provavelmente hoje poderia estar ensinando DBT!

Gostaria de expressar meu reconhecimento ao Gilda's Club Westchester e a toda sua equipe dedicada por seu apoio psicossocial inovador a indivíduos com câncer e seus entes queridos. Nos primeiros estágios em que ofereci a DBT para pessoas com câncer, tive o privilégio de trabalhar com Christine Consiglio, Miranda Dold, Erica Forest, Eric Kelly, Melissa Lang, Sarah Reynolds e Stacy Weissberg.

Quero expressar um reconhecimento especial a minhas duas muito queridas amigas e colegas Ronda Reitz e Joan Chess. Ronda prestou assistência valiosa na comunicação mais efetiva da DBT. Joan leu quase todos os rascunhos, oferecendo *feedback* e apoio muito úteis. Durante os anos de escrita, fui abençoada com muitos outros leitores, incluindo Debbie Chapin, Ellen Cohn, Carole Geithner, Sara Goldberger, Bill Hartman, Joan Macfarlane, Katherine Sailer, Brad Swanson e Priscilla Warner. Agradeço, também, a Kitty Moore e Christine Benton, da Guilford Press, por toda sua ajuda e orientação inestimáveis.

Muitos outros contribuíram generosamente com sua experiência pessoal e/ou *expertise* profissional, incluindo Seth Axelrod, La Shaune Johnson, Ken Lerer, Eddie Marritz, Edythe Held Mencher, Robin Newman, Katie Stuntz, Alice Taranto e Lisa Witten. Além disso, dedico um agradecimento especial aos muitos indivíduos anônimos cujas experiências pessoais com o câncer são a base das histórias compartilhadas neste livro.

Sou grata, também, àqueles cujo esforço para oferecer apoio e assistência ultrapassaram as expectativas, incluindo Perry D'Alba e a equipe do D'Alba IT, Eric Brown, Elaine Franks, os bibliotecários da Larchmont Public Library e Geraldine Rodriguez. Sou especialmente grata a Ken Weinrib, que me guiou constantemente em meio aos imprevistos e complicados altos e baixos do caminho percorrido até a publicação deste livro.

Por último, também gostaria de agradecer à minha comunidade profissional, o Westchester Center for the Study of Psychoanalysis and Psychotherapy.

Marsha M. Linehan
Minha família constituiu fonte constante de amor e apoio incondicionais ao me ajudar a fazer deste livro uma realidade. Minhas caríssimas Geraldine, Nate e Catalina preenchem amorosamente meus dias com tudo e qualquer coisa necessária para experimentar alegria. O fato de minha irmã, Aline, viver no outro lado do país não minimiza por um minuto seu contato diário e apoio. Meus irmãos, Earl, John, Marston e Michael, são minha equipe de apoio.

Quando minha aprendiz de zen Elizabeth Stuntz sugeriu que tentássemos oferecer as habilidades da DBT a pessoas que convivem com o câncer, o trabalho de meu irmão Marston no National Cancer Institute me inspirou a seguir a ideia. Imaginei que escrever este livro e aplicar meu trabalho a pacientes com câncer cumpriria a minha promessa de sempre encontrar uma maneira de ajudar outras pessoas.

Meus amados mestres zen, Willigis Jäger e Pat Hawke, foram cruciais para meu pensamento sobre o equilíbrio entre aceitação e mudança e o foco atento e intencional no presente. Sempre serei grata por seus ensinamentos e sabedoria. Dedico um reconhecimento especial para minha discípula zen e praticante da DBT Ronda Reitz, cuja contribuição valiosa ajudou a dar corpo a este livro. Também sou muito grata pelo seu papel, juntamente com o de Randy Wolbert, promovendo meus retiros zen de *mindfulness*.

Meus fabulosos amigos Ron e Marcia Baltrusis desempenharam um papel muito especial neste momento. Eles foram não só uma fonte pessoal de amor e encorajamento, compartilhando nossa comunidade espiritual, mas também uma valiosa caixa de ressonância sobre a aplicação da DBT em pacientes com câncer.

Sou muito grata pelo apoio e amizade contínuos dos meus assistentes, Thao Truong e Elaine Franks, além da minha fabulosa editora, Kitty Moore, da Guilford Press. E a meus colegas e ex-alunos, obrigada por levarem a DBT até as pessoas e lugares que precisam deste tratamento.

Sumário

Introdução — 1

1 Lidando com a notícia de que você tem câncer — 7

2 Como tomar decisões efetivas — 19

3 Como manejar emoções intensas — 35

4 Manejando medo, ansiedade e estresse — 47

5 Manejando a tristeza — 63

6 Manejando a raiva — 77

7 Cultivando relações pessoais — 93

8 Comunicando-se com colegas e médicos — 109

9 Vivendo de forma significativa — 127

Notas — 143

Índice — 159

Introdução

"Você tem câncer!" Ainda me lembro muito bem dos momentos em que ouvi estas palavras chocantes aplicadas à minha mãe, a outras pessoas amadas e, mais tarde, a mim mesma. Minha mãe costumava se referir ao câncer como "o Grande C" para que não tivesse que realmente dizer a palavra. Será que esta palavra agora pode se aplicar a você?

Embora possa se sentir sozinho, você está entre os 15,5 milhões de pessoas que convivem com esta doença hoje só nos Estados Unidos. Esta notícia é uma das coisas mais difíceis que você terá que enfrentar. E agora tem que descobrir como lidar com isso! Você consegue encontrar uma maneira de ter esperança sem usar toda a sua energia tentando fingir que não está com medo? O que pode fazer quando acordar com medo e pavor e não quiser sair da cama? É possível reconhecer que está se sentindo triste sem ser arrebatado pela emoção? Como você faz para que os outros saibam o que você quer e precisa quando se sente vulnerável demais para pedir?

O tratamento do câncer já percorreu um longo caminho, e as taxas de sobrevivência têm aumentado constantemente com o passar dos anos. Entretanto, mesmo um diagnóstico confiável, um prognóstico realista e o melhor tratamento disponível que pode salvar a sua vida raramente lhe indicam como lidar com o trauma emocional. Os especialistas concordam que estratégias de enfrentamento efetivas são parte crucial do tratamento do câncer. Estudos mostraram que o apoio psicossocial a pacientes com câncer pode com frequência melhorar a qualidade de vida e as taxas de sobrevivência. Apesar disso, o tratamento social e emocional não acompanhou o ritmo do notável progresso médico. Este livro tenta preencher essa lacuna.

Uma Abordagem Inovadora para Ajudá-lo a Enfrentar a Situação: Terapia Comportamental Dialética

A Dra. Marsha Linehan, apontada pela revista *Time* como um dos gênios e visionários cujo trabalho transformou nosso mundo, desenvolveu a terapia comportamental dialética (DBT, do inglês *dialectical behavior therapy*) para ajudar as pessoas a enfrentarem as situações quando a vida parece intolerável. Ela desenvolveu habilidades baseadas na sabedoria zen e na oração contemplativa, entre outras tradições, para ajudar as pessoas a sobreviverem às tragédias e aos desafios da vida. Suas habilidades comprovadamente se mostraram efetivas ao ajudar pessoas suicidas a tolerarem situações insustentáveis, desde grandes perdas até a ausência de significado na vida. Marsha, que perdeu a mãe para o câncer, agora tem colaborado comigo (Elizabeth) para oferecer a você estas estratégias a fim de ajudá-lo a enfrentar um diagnóstico que você possivelmente jamais previu e que nunca teria escolhido.

Sou psicanalista com experiência em terapia de família e com envolvimento pessoal e profissional de longa data na prestação de apoio emocional a pessoas com câncer. A doença levou minha avó quando jovem e depois encurtou a vida de minha mãe. Também perdi muitos amigos queridos para o câncer, e temores sobre a minha própria saúde e as possíveis implicações para meus filhos sempre estiveram à espreita em um canto da minha mente. Então veio o meu diagnóstico. Como aluna de zen de Marsha, treinada para estar aberta a todas as experiências e perspectivas, reconheci o potencial da abordagem da DBT para pessoas que convivem com o câncer. Então vi na prática o valor da DBT depois de aplicar as habilidades com muitos indivíduos e trabalhando em uma organização de apoio a pessoas com câncer.

Como a DBT Pode Ajudar

O enfrentamento efetivo não tem a ver com o evento ou as circunstâncias particulares, mas à forma como você reage ao que aconteceu – o que pensa, como se sente e o que faz. A DBT lhe oferece habilidades concretas para avaliar realisticamente qualquer dificuldade que você estiver enfrentando para que possa decidir o que fazer e o que não fazer. As habilidades incluem formas de manejar suas emoções, comunicar-se com os outros, tolerar o estresse e viver de forma significativa. Neste momento devastador, pode ser particularmente valioso saber como ser mais claro em relação ao que está acontecendo e como você está se sentindo, além de ter as ferramentas para lidar com o estresse. Quando você tem formas de lidar com as emoções intensas e instáveis e os pensamentos descontrolados que podem acompanhar o câncer, você se torna mais capaz de responder sabiamente às ameaças sem reações extremas ante os perigos e de expressar mais efetivamente suas preocupações para as outras pessoas.

Estas estratégias podem ser úteis independentemente da fase na qual você estiver em sua experiência com o câncer – recém-diagnosticado, em meio ao tratamento, no pós-tratamento, em remissão ou como um sobrevivente a longo prazo. Embora o livro seja escrito para pessoas que convivem com o câncer, seus entes queridos também têm usado efetivamente as habilidades.

O D de DBT corresponde a dialética, um termo mais sofisticado que significa que **duas coisas que parecem opostas podem ser ambas verdadeiras**. O que isso tem a ver com o câncer? Quando estamos abalados emocionalmente, é fácil reduzirmos a vida a uma coisa *ou* outra, simplesmente vendo as coisas como pretas *ou* brancas, boas *ou* ruins. Algumas vezes as pessoas minimizam seus problemas *ou* veem sua situação como um desastre total. Você alguma vez já concluiu que, por não ser mais completamente saudável, iria morrer? Você acha que está impotente porque não pode controlar totalmente tudo o que está acontecendo na sua vida?

O equilíbrio é essencial para o enfrentamento efetivo. A dialética deixa claro que é possível pensar, sentir ou agir de mais do que uma única forma. Você pode estar infeliz porque tem câncer *e* ainda estar feliz por outras partes da sua vida. É possível estar amedrontado *e* ter esperança. Você pode se sentir fraco *e* agir com força. É possível se sentir impotente por não poder controlar tudo o que está acontecendo *e* reconhecer que existem mudanças que pode fazer. Você pode ver que suas emoções são compreensíveis. Você está enfrentando a situação da melhor forma que conhece neste momento *e* reconhece que é possível aprender estratégias mais efetivas.

Com certeza, falar é mais fácil do que fazer! As mudanças constantes e a montanha-russa da vida com câncer podem abalar seu equilíbrio. **A vida está sempre mudando, e seu humor pode variar tanto quanto as condições meteorológicas.** Em um momento, o sol está brilhando. Mais tarde, começam a surgir nuvens, lançando uma sombra sobre a luminosidade. Depois, pode surgir uma tempestade sombria. Na escuridão, você pode até mesmo esquecer que o sol existe. Depois disso, o clima naturalmente fica diferente. Talvez o sol reapareça. E no fim do dia, quando o sol se for, ficará escuro outra vez.

Neste exato momento, o clima pode não estar mudando tão rapidamente quanto você deseja e precisa. No entanto, mesmo que não consiga controlar quando e como o clima muda, você não está impotente. Há formas efetivas de enfrentar a tempestade em que você se encontra neste momento. **Você enfrenta as situações mais efetivamente escolhendo se manter aberto a outras possibilidades e pontos de vista.** Em tempos sombrios, a esperança provém da lembrança de que a luz existe mesmo quando você não consegue vê-la. As habilidades neste livro podem lhe mostrar como mudar a forma como se sente, pensa ou age ao equilibrar emoções, pensamentos ou ações opostos.

O Que Você Vai Encontrar neste Livro

Embora muitas outras pessoas estejam vivendo com câncer, a experiência de cada indivíduo é única. Este livro lhe oferece formas de criar um conjunto de estratégias de enfrentamento customizadas e o ajuda a encontrar a sabedoria para saber quando cada habilidade pode ser efetiva para você. Recomendamos que leia o livro inteiro, em ordem, pois as habilidades se baseiam umas nas outras.

Cada capítulo inclui as vozes e a sabedoria coletiva de pessoas afetadas pelo câncer para que você tenha a oportunidade de se conectar com as experiências delas. Para garantir a confidencialidade, os relatos pessoais são condensados em forma de ficção a partir de histórias reais e respostas típicas. Os comentários em destaque ao longo do livro provêm de indivíduos específicos e são usados aqui com a permissão deles. Alguns capítulos também incluem exercícios para que você possa praticar as habilidades sozinho. Embora o livro seja o resultado de nossa colaboração, para facilitar a leitura, ele é escrito por mim (Elizabeth) em primeira pessoa.

Os dois primeiros capítulos apresentam formas de lidar com o diagnóstico de câncer. O Capítulo 1 oferece uma abordagem para ajudá-lo a entender sua resposta ao diagnóstico, ver que as suas reações não são incomuns e a responder de uma forma mais equilibrada do que a maioria de nós é inclinada a fazer. O Capítulo 2 apresenta ferramentas para ajudá-lo a tomar decisões efetivas, incluindo confiar na sabedoria inerente que existe dentro de cada um de nós. Esse capítulo inclui habilidades de *mindfulness*, que podem ser uma forma valiosa de obter uma visão mais clara, completa e acurada da sua situação.

Em seguida, avançamos para a vida com câncer, incluindo como lidar com as emoções e se comunicar com os outros. O Capítulo 3 oferece estratégias concretas que você pode usar para manejar seu processamento emocional, incluindo a apreensão de conviver com uma montanha-russa de emoções intensas e a preocupação com o impacto do estresse no câncer. Os Capítulos 4 a 6 se aprofundam em emoções específicas – medo e ansiedade, tristeza e raiva. Cada um desses capítulos mostra formas de você reconhecer suas emoções e lhe fornece ferramentas práticas para lidar com elas.

Os Capítulos 7 e 8 apresentam estratégias para comunicar-se construtivamente com a família, amigos, colegas e prestadores de assistência médica. Esses capítulos abrangem habilidades que o ajudarão a tornar conhecidas as suas necessidades, ao mesmo tempo protegendo as relações e seu autorrespeito.

O Capítulo 9 foca em fontes de significados mais profundos e conforto. Como muitas pessoas buscam fontes de conexão com algo maior quando sentem que a sua vida está ameaçada, inclui-se aqui uma discussão sobre espiritualidade.

Não podemos mudar as cartas que são distribuídas, apenas a forma como jogamos com elas.
RANDY PAUSCH

1

Lidando com a notícia de que você tem câncer

Um diagnóstico de câncer é como um intruso invadindo a sua casa. As reações podem variar de infelicidade até devastação. Para alguns, ouvir a notícia por si só já é um trauma. Sara, que tremia muito, embora não estivesse com frio, comparou o choque com ser atingida por um raio. De repente sua vida mudou, agora definida como AC e DC – antes e depois do câncer.

Todos os tipos de pensamentos podem surgir. Sara disse a si mesma:

Isto não pode estar acontecendo!

Não consigo lidar com isto.

Minha vida não tem espaço para o câncer.

Sinto como se a minha cabeça estivesse cheia de algodão-doce! Não consigo pensar direito.

Eu posso mesmo morrer?

O que o médico acabou de me dizer? Não estou entendendo direito.

Mas eu sou tão saudável!

Será que estou reagindo exageradamente? Pare com este pânico.

Você é uma ruína emocional. Controle-se.

Este novo território pode provocar emoções poderosas e não familiares. Talvez você esteja chocado ou se sinta inundado com suas emoções confusas. Talvez você se encontre em pânico, com raiva por esta reviravolta do destino ou congelado por um medo que jamais experimentou antes. Alguns se sentem desesperados para fazer o que for possível para acabar com essas emoções tão intensas.

Sinto-me desconfortável quando me lembro de algumas das minhas primeiras reações. Inicialmente, fiquei entorpecida e fiz uma piada. Eu não tinha ideia do que na verdade estava sentindo. Eu só sabia que estava determinada a me manter no controle e não me sentir vulnerável. Eu achava que qualquer emoção me inundaria e me devastaria. Pensei:

> *Eu trabalho como terapeuta. Já lidei com muitas pessoas com câncer. Eu deveria ser capaz de lidar com isso.*
>
> *Emoções intensas vão me enfraquecer e me deixar fora de controle.*
>
> *Sinto-me fraca e frágil, posso não ter força para lutar pela minha saúde.*
>
> *Não vou ficar indefesa e impotente.*
>
> *Não vou "me permitir" ficar apavorada, triste ou frustrada.*
>
> *Se eu ficar presa na tristeza e na ansiedade, vou me transformar numa pessoa aterrorizada e deprimida.*
>
> *A preocupação não vai me dominar!*

Não Há uma Forma Certa ou Errada de se Sentir

Em algum nível me questionei se a minha reação era estranha. Outra mulher brincou com seu médico dizendo que o que ela realmente precisava naquele momento era de um "hospital psiquiátrico". Acontece que nós não somos as únicas que se preocupam sobre como estamos lidando com nossas emoções. Em um estudo clássico do Memorial Sloan-Kettering sobre os sintomas preocupantes dos pacientes, quatro das cinco principais inquietações eram sobre suas reações emocionais.

É importante reconhecer que **nenhuma reação é incomum ou errada**. Muito provavelmente, outros já se sentiram da mesma forma como você se sente. A ampla gama de respostas pode ir desde sentir-se muito emotivo como Sara até a minha resposta muito controlada. Algumas pessoas são muito conscientes das suas respostas corporais, emoções e pensamentos. Outras são totalmente inconscientes. Os genes e a história pessoal podem moldar sua reatividade. Dificuldades emocionais ou médicas prévias também podem ser uma influência.

Emoções aversivas podem rapidamente se transformar em "Eu estou mal" – decidindo que há algo de errado com você ou com suas estratégias de enfrentamento. Muitos perdem a fé nas suas habilidades de lidar com as coisas ou começam a se culpar. Eles podem se perguntar: *Por que eu?* Sara tornou-se autocrítica e decidiu que ela era uma ruína emocional. Outra pessoa disse: "A primeira noite foi terrível para mim. Entrei em pânico. Quem iria cuidar dos meus filhos? Percebi rapidamente que eu precisava de ajuda e teria que confiar em outras pessoas, algo que eu não havia feito muito bem até então. Como eu não percebi o nódulo?".

Será importante para você notar a autocrítica e ser mais generoso consigo. Na verdade, algumas pessoas invalidam suas próprias emoções. Assim como eu, muitos se desviam de como *realmente* se sentem e se voltam para como acham que deveriam se sentir. Eles podem tentar evitar certas emoções ou examinar as "regras" na busca de orientação sobre como eles *deveriam* se sentir. Sara achava que não poderia ficar tão triste e deveria ser mais otimista. Você está dizendo a si mesmo que deveria ser mais corajoso ou mais calmo? Ou que deveria cuidar dos negócios como sempre fez ou pensar primeiro nas pessoas que dependem de você? Você decidiu que deveria "botar tudo para fora" ou guardar para si? Estes *deverias* não são úteis! Eles exercem uma pressão prejudicial sobre você para que mude suas reações emocionais naturais. Os *deverias* apenas o distraem do que é mais importante: prestar atenção em como você realmente se sente e o que você realmente quer neste ponto da vida.

Estar em Sintonia com o Que Você Está Sentindo e Pensando É Essencial

Suas emoções, pensamentos e sensações físicas oferecem informações valiosas. Eles podem dizer a você o que está errado e precisa ser abordado, assim como o que está indo bem e deve ser continuado. Não existe momento mais crucial para obter essa valiosa informação do que quando você tem câncer. No entanto, não há momento que seja mais difícil para assimilar esse conjunto de informações novas e indesejadas do que quando você acabou de ser diagnosticado.

Considere o que acontece quando um circuito elétrico fica sobrecarregado. O disjuntor corta a eletricidade, e suas luzes, aparelhos, computadores e tudo mais para de funcionar. Da mesma forma, quando você se sente sobrecarregado, sua capacidade de lidar com a vida pode ser prejudicada. **Seu "circuito" de enfrentamento inclui suas emoções, pensamentos e sensações físicas que trabalham em conjunto e se influenciam de maneira recíproca e simultânea.** Assim como você examina os disjuntores para detectar o problema com a eletricidade, será útil para você aprender como prestar atenção de forma especial a suas emoções, pensamentos e sensações corporais para recuperar seu funcionamento mais efetivo. Vamos começar examinando as emoções.

Emoções

Embora cada pessoa seja única, medo, tristeza e raiva são consideradas as respostas emocionais mais comuns a um diagnóstico de câncer. Vamos examinar o quanto estas emoções são compreensíveis quando você tem câncer.

Medo

A palavra *câncer* contém em si um significado de uma ameaça altamente perigosa. Se você acredita que está em risco, o medo é uma reação lógica, pois o impulsiona a tomar uma atitude de autoproteção. A ansiedade é justificável se você acredita que existe o risco de não viver por tanto tempo, ou de não ter a qualidade de vida que esperava. Sara acreditava que ela era uma ruína emocional porque se sentia muito amedrontada. No entanto, a preocupação dela faz sentido se ela imaginar que seu futuro e o da sua família estão em perigo. Eu inicialmente acreditava que o medo me deixaria fraca até que percebi que as emoções não tinham que me controlar ou me definir. Quando discutirmos o medo no Capítulo 4, você verá que estar amedrontado neste momento não tem que significar que você é uma pessoa medrosa.

Tristeza

A palavra *câncer* sugere a ameaça da perda. O pesar é justificável se você acha que sofrerá algum dano ou terá que abrir mão de alguma coisa que lhe é significativa. A tristeza é compreensível se você tem que aceitar que sua vida não seguirá o curso que você esperava ou planejava. Tristeza e dor fazem sentido se o câncer o deixará doente, incapaz de participar de atividades valiosas ou de cuidar da sua família. Sara relutou em admitir a validade da sua tristeza. Eu imaginava que, se me permitisse chorar, jamais conseguiria parar. Embora você possa estar preocupado de que ficará oprimido pelo sofrimento, depois de ler este livro muito provavelmente passará a entender que as emoções possuem um curso natural de serem eliciadas, chegarem ao seu ápice e fluírem naturalmente até que simplesmente passem.

Raiva

A palavra *câncer* pode trazer à mente a ameaça de uma vida limitada. Se você acha que seus dias não serão como você esperava ou planejava, frustração e raiva são compreensíveis. Indignação faz sentido se você acredita que perdeu sua saúde física. Agitação é justificável se você está certo de que não poderá mais participar de atividades valiosas ou que relacionamentos importantes podem ser comprometidos. A raiva é útil quando você precisa se proteger ou lutar contra uma injustiça. É compreensível que Sara se sinta contrariada se suas necessidades médicas não foram atendidas. Embora você possa recear que sua raiva o consuma como inicialmente eu também temia, o Capítulo 6 oferece formas de usar a sua raiva construtivamente sem deixar que ela prejudique seus relacionamentos.

Pensamentos

Nossos pensamentos são outra parte do "circuito" que impacta nosso funcionamento – tanto como nos sentimos quanto como agimos. As emoções que acabamos de descrever fazem sentido se todas as suas suposições sobre a sua vida com câncer forem confiáveis. Mas e se elas não forem? E se suas ideias não forem acuradas? Se você estiver fazendo suposições infundadas, não está sozinho. Vamos dar uma olhada em como isso acontece.

Histórias Que Contamos a Nós Mesmos: Ficção ou Não Ficção?

Um diagnóstico inesperado que abala o sonho de um caminho confortável e previsível na vida pode suscitar medo e vulnerabilidade. Defrontado com perigo e incerteza, o cérebro pode criar histórias para tentar explicar a situação e recuperar um senso de previsibilidade e controle.

A mente de Sara foi inundada por pensamentos assustadores que se repetiam em um ciclo interminável:

Nada jamais será como antes.
Provavelmente eu não conseguirei trabalhar.
Vou ficar fraca e doente o tempo todo.
Quem vai cuidar dos meus filhos?
Vou ficar dependente e virar um fardo.
Vou decepcionar a minha família.

Eu deveria ser mais otimista.

Eu vou morrer?

Todas essas crenças de Sara são verdadeiras? Suas suposições são justificadas pelos fatos? Seus pensamentos apreensivos são compreensíveis se ela acredita que a doença coloca em risco financeiro o futuro da família. Por outro lado, será que ela não está se sentindo mais ansiosa agora, ao presumir que não será capaz de trabalhar, quando na verdade ela nem sabe ainda se isso é verdadeiro? Um processo de luto faz sentido se ela for morrer em seguida. Mas será que ela não está sofrendo pelo final da sua vida antes de saber se enfrentará um período de tratamento com alguma probabilidade de retorno ao funcionamento normal? O redemoinho de ideias não comprovadas está deixando-a mais amedrontada, triste ou com raiva do que o necessário?

Prevendo o Pior ao se Antecipar

Pode ser complicado diferenciar entre o que é real na nossa situação e as teorias não justificadas pelos fatos que são reações ao medo ou à ansiedade. Tanto medo quanto ansiedade estimulam ideias para responder ao perigo, mas existe uma distinção importante que é essencial entender. Quando estamos com **medo**, tendo você câncer ou não, os pensamentos estão baseados em uma reação a um perigo real **presente**, neste momento. É como se houvesse um leão faminto à sua frente. O medo mobiliza pensamentos para a ação imediata. Você corre!

Ansiedade, por outro lado, é sobre o **futuro**. A ansiedade mobiliza pensamentos para prepará-lo para alguma coisa que *pode* acontecer. Há uma tendência a fazer suposições que *podem* ou *não ser* factuais. A ansiedade o prepara para a ação que *pode* ou *não ser* necessária ou produtiva.

Faz sentido que Sara, prestes a ser submetida a um procedimento cirúrgico, tenha ideias assustadoras passando pela sua mente enquanto está sendo levada para a cirurgia. Alguns dos seus pensamentos podem até mesmo ser construtivos se, por exemplo, ela decidir que vai fazer todo o possível para se cuidar. Em outros momentos, Sara, assim como todos nós, pode se antecipar e exagerar o perigo contando para si mesma histórias sobre o que *pode* acontecer no futuro.

Talvez Sara esteja aumentando suas preocupações acreditando desnecessariamente em coisas que a deixam ainda mais ansiosa. Minha coautora, Marsha, se refere a exagerar os danos como "catastrofização". Planos ou ações baseados em ideias não justificadas pelos fatos podem não ser construtivos. Suposições graves e imprecisas podem até mesmo nos deixar vulneráveis e nos afastar das partes prazerosas da vida ou apegados a promessas enganosas de cura ou remissão. Imagine o custo para Sara e sua família se ela considerar como certas suas ideias de que ela é um fardo dependente e que está decepcionando sua família e tentar protegê-los distanciando-se.

Sensações Físicas

Agora vamos examinar o papel das sensações físicas no "circuito". O corpo humano e a mente foram planejados para otimizar o funcionamento nos tempos pré-históricos – principalmente para assegurar a autopreservação. O corpo de forma inata faz uma varredura para avaliar a segurança de uma situação. O sistema nervoso responde à ameaça aparente dizendo ao nosso corpo para lutar, fugir ou congelar. Quando o ser humano pré-histórico via o leão à sua frente, sua frequência cardíaca se acelerava, as palmas de suas mãos começavam a suar e seus músculos ficavam tensos para prepará-lo para entrar em ação. Ele ficava aterrorizado e corria. Neste caso, suas reações físicas, emoções e pensamentos funcionavam todos em conjunto para criar uma resposta efetiva.

À medida que nós humanos evoluímos, este valioso sistema inato de lutar-fugir-congelar para avaliar o risco atualmente também pode alimentar a ansiedade. Os homens e mulheres dos tempos modernos não só pensam como também ponderam e "ruminam" ideias, e nossos corpos respondem da mesma maneira tanto à ansiedade quanto ao medo.

O Circuito de *Feedback* Negativo

Seu corpo, pensamentos e emoções podem ficar aprisionados em um ciclo interminável e não construtivo. Se os pensamentos forem ou não justificados pelos fatos, ou a ameaça sendo ou não real, seu coração baterá mais rápido e você ficará com um nó no estômago em resposta a ideias negativas sobre o que *pode* acontecer no futuro. Seu corpo continuará acreditando que existe uma ameaça presente contínua. Seu sistema nervoso ficará sobrecarregado e enviará uma contínua mensagem "OH, OH, PERIGO!" para lutar, fugir ou congelar. Inundado de estresse, seu corpo criará tensão muscular crônica como uma armadura para se preparar para o perigo. Esse sinal alimentará sua ansiedade, a qual por sua vez aumentará seus pensamentos apreensivos. Essas ideias ansiosas alimentarão seus sentimentos de preocupação e nervosismo.

Os neurocientistas também descobriram que ao fazer a varredura para ameaças, a mente tem um viés biológico para o negativo. Os humanos pré-históricos não podiam se dar ao luxo de confundir uma cobra venenosa com um graveto. A mente na Idade da Pedra era predisposta a ver alguma coisa com a forma de uma cobra e pensar: "Minha vida está em perigo. É melhor dar o fora daqui". Visto que o cérebro funciona como velcro para pensamentos negativos e como teflon para os positivos, os pressupostos podem se afastar dos fatos e prever um futuro sombrio.

Imagine se o homem das cavernas continuasse a ter pensamentos negativos mesmo depois de fugir da cobra.

Será que aquela cobra não vai entrar na minha caverna?

Talvez haja outros animais perigosos que virão atrás de mim. Eu sei que também há leões lá fora!

Talvez eu nunca mais deva sair da minha caverna de novo!

Como acontece com o ser humano pré-histórico ansioso, suas reações físicas, pensamentos e emoções podem ficar aprisionados em um contínuo circuito de *feedback* negativo. Assim como a ansiedade do ser humano pré-histórico podia lhe desencadear pânico mesmo quando ele estava olhando para um graveto no chão, seu circuito de *feedback* negativo pode colocar você em desequilíbrio, incitando-o a tratar seu diagnóstico de câncer como uma sentença de morte certa antes de você conhecer os fatos. Se o ser humano pré-histórico jamais sair da sua caverna novamente, ele com certeza morrerá de fome. Se Sara assumir como um fato sua crença de que está decepcionando a família e se afastar, ela arrisca negar a si mesma e a seus entes queridos um sentimento de amor, apoio e conexão tão valorizados e estimulantes.

Quando você presta atenção cuidadosa à interação entre suas emoções, seus pensamentos e seu corpo, você tem a chance de entender a sua resposta e ver onde o enfrentamento efetivo pode estar em curto-circuito e retomar o equilíbrio. Você pode ter um quadro mais claro e ver se suas emoções estão "sequestrando" seus pensamentos ou se você está fazendo suposições que estimulam um circuito de *feedback* negativo, causando preocupação improdutiva. Esta informação pode servir como um guia valioso para mudanças que você poderá fazer com o objetivo de manejar as coisas mais efetivamente.

Encontrando Equilíbrio por meio das Estratégias Dialéticas

Às vezes, as histórias que contamos a nós mesmos são estruturadas no estilo preto-ou-branco, ou/ou, e podemos reagir exageradamente ou subestimar o problema. As estratégias dialéticas podem ajudá-lo a encontrar uma abordagem mais equilibrada para o enfrentamento tendo em mente os diferentes polos dos seus sentimentos, pensamentos e sensações. Lembre-se, as coisas não são simplesmente de um jeito *ou* de outro. Você pode sentir e pensar de duas maneiras aparentemente contraditórias. Você pode estar preocupado *e* ao mesmo tempo ter esperança. É possível se defrontar com o que está acontecendo *e* mudar a forma como você lida com isso.

Você pode ser capaz de ver um quadro novo e mais completo se conseguir ter em mente sentimentos e pensamentos opostos. Esta perspectiva balanceada pode ajudá-lo a reconhecer que embora possa não estar 100% saudável, você também não irá necessariamente morrer. Uma taxa de sobrevida de 60% pode ser encarada como uma catástrofe. Mas há mais chances de sobreviver do que de não sobreviver, embora ainda haja motivos para preocupação. Uma perspectiva equilibrada o ajuda *tanto* a encarar que a cura não é uma coisa garantida *quanto* a reconhecer que a taxa de sobrevida inclui uma razão para se ter esperança.

Mente Sábia: um Caminho do Meio Equilibrado

Quando fui diagnosticada, gostaria de ter entendido que eu poderia *tanto* aceitar como estava me sentindo *quanto* reconhecer que a mudança era possível. Eu via minhas emoções de forma dicotômica (p. ex., preto *ou* branco). Eu estava desesperadamente tentando minimizar emoções intensas. Eu achava que tinha que ser calma, forte e serena *ou* ficaria fraca e fora de controle. Eu estava no que a DBT chama de **mente racional**, onde o pensamento é extremamente "cabeça fria" e lógico.

Sara se encontrava no outro extremo. Ela estava na **mente emocional**, onde as emoções dominam o pensamento. Na mente emocional, o pensamento é extremamente quente, governado pelos estados de humor e emoções. Na mente emocional, você minimiza os fatos, a razão e a lógica. Na mente emocional, você pode enfatizar excessivamente a sua preocupação com o câncer e não prestar atenção suficiente a informações otimistas.

Seu enfrentamento será mais efetivo quando suas emoções e razão estiverem em equilíbrio. As estratégias dialéticas o ajudam a **unir os opostos e encontrar o caminho do meio entre eles**. O caminho do meio entre os extremos do pensamento emocional e o pensamento racional é sua **mente sábia**, a parte central sobreposta entre a mente emocional e a mente racional.

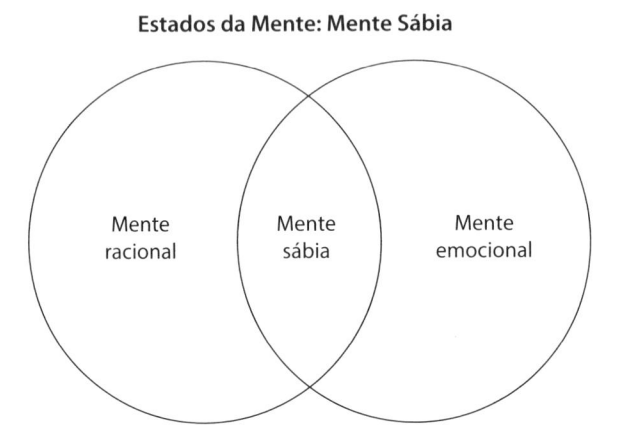

Estados da Mente: Mente Sábia

Mente racional | Mente sábia | Mente emocional

De DBT Skills Training Handouts and Worksheets (2nd ed.), Marsha M. Linehan. Copyright © 2015 Marsha M. Linehan. Reproduzida com permissão da autora.

A mente sábia assume uma perspectiva mais completa, respeitando o valor da razão *e* da emoção, levando em conta *tanto* a lógica *quanto* os sentimentos. Este terceiro estado da mente reúne o pensamento racional no hemisfério esquerdo e a emoção no hemisfério direito. Na mente sábia, você expressa as emoções flexivelmente para realizar um enfrentamento mais efetivo. A partir da perspectiva da mente sábia, é menos provável que você entre em pânico assim como aumenta a probabilidade de considerar todos os caminhos potenciais em direção à sua saúde. No Capítulo 2 apresentamos formas de ajudá-lo a usar sua mente sábia para tomar decisões mais efetivas.

Mudando constantemente as Perspectivas para Aproximar-se de um Caminho do Meio

Sara e eu tivemos que aprender que fragilidade e medo eram apenas uma parte das nossas histórias – apenas uma porção do quadro completo. Para obter a **história completa**, tivemos que aprender a **também prestar atenção**

ao lado oposto da narrativa que estávamos deixando de fora. Nós precisávamos também notar nossa força, esperança e resiliência.

Existe um fluxo de ir e vir entre os lados opostos, como andar de balanço, em que você constantemente vai para frente e para trás. Para fazer esse balanço funcionar e, assim, avançar em direção à mudança, tivemos que prestar atenção a todos os aspectos de nossas histórias e reconhecer a outra extremidade da nossa "gangorra". Eu corri o risco de ficar presa a um extremo ao negar fortes emoções. Tive que reconhecer minhas emoções e crenças vulneráveis sem esquecer da minha resiliência. Sara teve que notar sua força e resiliência para que não ficasse presa ao seu lado assustado e vulnerável.

Dinesh, agora com 28 anos, descreveu seu equilíbrio entre esperança e medo quando teve câncer aos 18 anos: "Algumas vezes eu me perguntava por que eu não tinha mais medo. Algumas noites, depois do que pareciam galões de quimioterapia, eu quase não conseguia dormir... Na manhã seguinte... minhas esperanças para meu futuro – não apenas o medo de que não tivesse um – me permitiam voltar ao hospital. Se eu tivesse focado apenas no meu medo, não teria conseguido enxergar um palmo adiante do meu nariz".

É importante perceber que oscilamos para a frente e para trás de um lado da narrativa até o outro. Quando Sara se levanta pela manhã, ela pode instantaneamente se sentir engolida pelo medo de não superar o câncer (obrigado, negatividade!). Mas quando está de pé na cozinha tomando sua primeira xícara de café, ela começa a se sentir viva e esperançosa. Uma hora depois, ela recebe um telefonema da sua filha do outro lado do país, e o pensamento de que ela pode não ser capaz de funcionar como a mãe forte e apoiadora durante seu tratamento faz com que se sinta frágil e vulnerável. Então, na sua caminhada com as amigas pelo bairro, suas histórias compartilhadas e as risadas fazem com que se sinta conectada com o mundo e com a esperança. E assim as coisas seguem.

Você inicia em um dos lados do balanço. Para evitar ficar preso a uma extremidade e começar a se mover, você precisa estar consciente do outro extremo. Sara pode se sentir revigorada pelo companheirismo das suas amigas, ainda que o medo da ideia de precisar de muita ajuda nos próximos meses persista em sua mente. Quando os dois lados estão conectados, o peso no lado oposto afeta o quanto de força é necessário para continuar em movimento. Quando Sara está se sentindo particularmente sozinha, fraca e triste, ela pode precisar fazer ainda mais esforço para lembrar que força, resiliência e as partes positivas da vida integram a sua história mais completa. Nestes momentos, um empurrão extra das amigas pode ser especialmente útil também! Esta consciência do movimento contínuo entre lados aparentemente opostos ajuda a manter o caminho do meio.

Referências para Lembrar Que a Mudança É Possível

Esperança é ser capaz de ver que existe luz apesar da escuridão.
DESMOND TUTU

Em seus momentos mais sombrios, é mais fácil encontrar esperança quando você se lembra de que pode escolher se reequilibrar ao também considerar o outro lado do seu medo ou desespero. Pode ser muito útil saber quais sons, sensações ou imagens podem ser marcos referenciais para ter em mente a possibilidade de mudança. Para você, pode ser uma lembrança especial ou uma foto. Talvez sejam os tons alaranjados no céu antes do pôr do sol ou o toque macio de um salgueiro antes do desabrochar da primavera. É ouvir o choro ou sentir o toque macio da pele de um bebê? Estas referências são muito pessoais. Talvez você esteja mais aberto a novas possibilidades quando ouve os acordes iniciais de uma música especial, até mesmo a "Marcha Nupcial" ou "Pompa e Circunstância".

Seja o que for ou quem for que o ajude a considerar outra perspectiva, será valioso. A ideia de que seus pensamentos e sentimentos têm outro lado pode ser muito empoderadora. É menos ameaçador aceitar a fragilidade quando você sabe que o quadro completo inclui a força. Reações catastróficas podem ser menos opressoras quando você se dá conta de que existem as inevitáveis oscilações do balanço da sua vida. Você não tem que ficar aprisionado no desespero. Um sentimento de desesperança não tem que ser um estado permanente.

Embora nenhum de nós saiba o que vai acontecer em nosso futuro, queremos nos manter na luz em presença da escuridão para que possamos obter o máximo das vidas que na verdade temos. Se você mantiver seu balanço em movimento, poderá mover-se desse extremo assustador para recuperar a esperança no outro lado. A sua reação de impotência pode ser um trampolim para a ação, para a possibilidade de mudança, para novas formas de enfrentamento e para viver o resto dos seus dias da forma mais plena e significativa possível, conectado a quem e ao que é mais importante para você.

Agora examinemos como você pode usar a sua mente sábia para tomar decisões efetivas.

2
Como tomar decisões efetivas

Me dê um tempo! Mesmo antes de passar o choque do diagnóstico, há decisões cruciais a serem tomadas.

Eu confio neste diagnóstico?
Este tratamento proposto é a melhor opção?
Este médico é o certo para mim?
Eu quero uma segunda opinião?

Receber uma recomendação médica clara é tranquilizador para você? Ou você quer saber quais são todas as opções? Talvez você ache que a única consideração é a que venha acompanhada da melhor chance de sobrevivência. Você está preocupado que seu médico possa se ofender se você quiser discutir sua escolha com a família, amigos ou outros profissionais?

Seja qual for a situação, escolhas construtivas requerem que você assimile e avalie informações confiáveis com sua emoção e lógica em equilíbrio. No entanto, depois que você foi abalado por notícias estressantes, pode ser mais difícil ouvir e entender informações complexas. Você tem maior probabilidade de não perceber fatos cruciais. Fazer uma pausa para notar o que está acontecendo dentro de você e à sua volta neste momento pode ajudar a garantir que suas decisões estejam baseadas em informações mais completas e confiáveis. Este capítulo apresenta uma estratégia que irá ajudá-lo a parar e prestar atenção tanto aos fatos da situação quanto a suas reações: ***mindfulness***. E, embora você possa não perceber, você já tem a intuição inerente para fazer escolhas construtivas – sua mente sábia. Vamos começar entendendo como a mente sábia (apresentada no Capítulo 1) ajuda na tomada de decisão.

Mente Sábia

Mente sábia é a **sabedoria inerente que faz parte de cada um de nós, incluindo você**. É fácil presumir que outras pessoas possuem esta sabedoria inerente e você não. Este senso intuitivo, do que você "sabe que é verdade", é um guia valioso para escolhas sábias. É o caminho do meio equilibrado de um balanço informado por fatos em uma extremidade *e* sentimentos na outra. Você vê a história mais completa e chega ao âmago da questão porque leva os dois lados em consideração. Assim como você não consegue se manter permanentemente no centro de equilíbrio de uma gangorra, ninguém está na mente sábia o tempo todo. No entanto, com prática seu equilíbrio melhora.

O que é importante lembrar é que você tem a mente sábia mesmo quando não está consciente dela. Assim como você nem sempre percebe sua respiração ou seu batimento cardíaco, sua mente sábia está lá mesmo quando você duvida dela. Nem sempre é fácil encontrá-la. A mente emocional e a mente racional podem se colocar no caminho. Você poderá precisar aprender a mergulhar fundo para acessar sua sabedoria interior, por isso incluímos no final do capítulo exercícios para ajudá-lo a encontrar sua mente sábia.

Escolhas Sábias

As decisões mais efetivas são tomadas na mente sábia com a **contribuição equilibrada das suas emoções e da sua lógica**. Tenha cuidado para não permitir que suas emoções dominem a situação. Quando você é muito emocional, suas emoções podem se disfarçar e parecer a verdade. Você pode "sentir" algo de determinada forma e, assim, ter o impulso de agir imediatamente. Por outro lado, quando você é excessivamente racional, poderá se travar demais e perder contribuições valiosas das suas emoções. As emoções podem ajudá-lo a se manter em contato com suas aspirações, desejos, crenças e valores. Você não vai querer negligenciar o que é mais importante para você.

A mente sábia é o lugar equilibrado em que não existe pressão para avançar nem para se conter. É a escolha que ainda parece sábia mesmo depois que você fez uma pausa e está calmo. As decisões sábias equilibram sua intuição subjetiva com os fatos objetivos. Você pode ouvir as contribuições valiosas do seu médico sem desconsiderar totalmente suas próprias preocupações com a sua qualidade de vida. As recomendações baseadas em fatos médicos são guias para informar, não para determinar a sua escolha. Uma decisão sábia está baseada no quadro completo, incluindo tudo o que você sente e valoriza e o que é factualmente verdadeiro. É importante lembrar que mesmo quando você está inseguro em relação a uma escolha, você tem uma mente sábia.

Vamos agora explorar uma maneira de obter uma perspectiva mais completa e mais viável sobre *mindfulness*.

Mindfulness

Definimos *mindfulness* como:

> **Intencionalmente prestar atenção à realidade no momento presente sem adicionar suposições ou julgamentos não baseados em fatos**

Vamos decompor tal definição.

Prestar Atenção

No curso normal dos acontecimentos, pode não parecer necessário focar em estar consciente de todos os detalhes da sua experiência. No entanto, você pode ficar surpreso ao ver que informações podem ser ignoradas quando você não está prestando atenção integralmente. Dê uma olhada em um vídeo divertido no YouTube de um teste de atenção seletiva em www.youtube.com/watch?v=vJG698U2Mvo.

Se já é fácil deixar passar informações por falta de atenção no curso normal dos acontecimentos, imagine o quanto pode ser mais difícil prestar atenção às informações quando estamos abalados. Você já sentiu que não estava assimilando tudo o que o médico estava lhe dizendo? As emoções podem colorir o que ouvimos. Quando estamos nos sentindo sobrecarregados, nossa atenção pode ser atraída em muitas direções diferentes. Fiquei impressionada ao perceber que as nove pessoas que ouviram o mau prognóstico da minha mãe ouviram versões um tanto diferentes do que nos foi dito. Independentemente de estarmos atentos, podemos algumas vezes cobrir nossos olhos e/ou ouvidos em situações dolorosas. Quem quer ver ou ouvir uma realidade estressante? Uma mulher que passou por muitas cirurgias em todo o corpo gostava de dizer: "Só me olho no espelho do pescoço para cima".

Você está fugindo do fato de que lhe foi dito que você tem câncer ou que é necessário um determinado tratamento? Talvez você esteja **confundindo uma luta pela sua saúde com uma luta contra enfrentar os fatos**. Às vezes evitamos a verdade se acreditamos no mito de que aceitar o fato significa que estamos nos entregando passivamente ou que queremos, gostamos ou aprovamos as circunstâncias. É importante ter em mente que é possível reconhecer uma realidade dolorosa *e também* trabalhar ativamente para fazer mudanças.

Mindfulness foi descrito como "limpar o para-brisa" ou iluminar os disjuntores para ver quais circuitos estão ativados. Marsha compara isso a retirar uma venda quando você está atravessando uma sala cheia de móveis. Com a venda colocada, você permanece no modo automático. Você pode perder informações importantes e não ter um quadro completo ou realista do que está à sua frente. **Com *mindfulness*, você deliberadamente escolhe usar todos os seus sentidos para notar a realidade do que está acontecendo neste momento.** Você não está mais no escuro, vulnerável a tropeçar nos obstáculos que não havia notado. Conhecer os obstáculos que você tem que enfrentar pode ajudar a informar escolhas construtivas.

O Momento Presente

Muito antes do *mindfulness* estar em voga, o sábio médico da minha mãe a alertou sobre as conclusões improdutivas que ela tinha tendência a tirar quando se antecipava. O ditado favorito dele era "Centímetro por centímetro, a vida é uma moleza; metro por metro, ela é difícil; quilômetro por quilômetro, ela é uma provação".

Você passa muito tempo se preocupando com o futuro? Suas ideias sobre o que pode acontecer podem não estar alicerçadas em informações baseadas nos fatos. Estas teorias, advindas dessa preocupação com o futuro, podem deixá-lo vulnerável a exagerar os problemas e desencadear um circuito de *feedback* inefetivo e aversivo. Assim sendo, as suas decisões baseadas em preocupações exageradas sobre o futuro podem não ser as mais construtivas. Talvez você subestime a possibilidade de mudança sem conhecer todos os fatos. Algumas pessoas presumem que são adivinhas e decidem:

> *É assim que tem que ser. Não vale a pena tentar.*
>
> *Eu não deveria me preocupar com o exame. Eles vão encontrar alguma coisa.*
>
> *Não serei capaz de administrar as finanças ou de lidar com a parte burocrática necessária.*
>
> *Só o que eu sei é que as chances estão contra mim. Não faz sentido lutar.*

Quando você foca no que está acontecendo neste momento, tem menos probabilidade de ficar preso a pensamentos improdutivos sobre o que aconteceu no passado que não pode ser mudado ou a respeito das preocupações relacionadas ao que pode acontecer no futuro. Além disso, quando você mantém a atenção no presente, a probabilidade de negligenciar a preciosidade da vida neste momento reduz significativamente.

Suposições ou Julgamentos Não Baseados em Fatos

A última parte da definição de *mindfulness* é notar a realidade sem acrescentar ideias ou julgamentos sem embasamento factual. Vamos examinar mais de perto os julgamentos para ilustrar o dano potencial destas crenças não baseadas em fatos.

Julgamentos são opiniões pessoais emocionalmente carregadas *acrescentadas* aos fatos. Estas suposições avaliam o valor ou mérito de uma situação, pessoa ou emoção como "bom/ruim" ou "melhor/pior", ou comunicam o que "deveria" ser. Elas podem ser expressas em pensamentos, em atitudes, pelo corpo ou em ações.

Nós fazemos estes julgamentos o tempo todo. Você consegue se recordar de uma situação recente em que avaliou alguém ou alguma coisa como "boa/ruim" ou "melhor/pior"? Eu com certeza me recordo! Com frequência usamos estes rótulos para tentar especificar prováveis consequências. Acabei de dizer a mim mesma que o último parágrafo que escrevi estava "ruim". Meu autojulgamento foi uma maneira de expressar minha visão de que eu não havia me comunicado efetivamente. O problema de tomar minha opinião pessoal como um fato verificado é agravado quando aceito minha visão como a verdade definitiva sobre a minha escrita ou autovalorização.

Você está fazendo julgamentos sobre o fato de ter câncer?

Isto não deveria estar acontecendo comigo.

Eu não deveria ter câncer!

O câncer é injusto!

Eu deveria ter tido hábitos mais saudáveis.

Isso tudo é culpa minha.

É claro que queremos ser saudáveis! O desejo que sua realidade seja diferente é compreensível e não é um julgamento. Isso não muda o fato de que você tem câncer. O **julgamento vem quando você adiciona o *deveria* a esse fato indesejável.**

Julgamentos que são regidos por extremos de emoção e lógica não fornecem um quadro equilibrado ou completo da situação. Eles podem ser confundidos com a realidade em si. Suposições sobre como a vida "deveria ser" intensificam suas emoções. Você pode estar tomando decisões com base no seu desejo de estar em uma situação que seja mais justa ou tolerável do que a situação atual. Você pode facilmente adotar suas perspectivas pessoais com base em dados não confiáveis como se fossem O fato definitivo em vez de uma reação emocional momentânea à situação global. Escolhas efetivas requerem informações confiáveis e acuradas. **Os julgamentos obscurecem a diferença entre informações confiáveis e ideias não baseadas em fatos, tornando mais difícil ver de forma realista o que verdadeiramente está acontecendo.**

Benefícios do *Mindfulness*

Você pode ser tentado a desvalorizar *mindfulness* pensando que é um modismo atual ou ter crenças de que estas estratégias nunca funcionarão para você. Ao mesmo tempo, é fundamental que você considere aderir à prática de *mindfulness*, já que **pesquisas mostraram que estar consciente do sofrimento físico e emocional melhora a sua habilidade de enfrentamento em muitos aspectos**. A prática de *mindfulness* demonstrou ajudar pacientes com câncer a:

- Diminuir a depressão
- Reduzir a ansiedade e o estresse
- Minimizar as dificuldades com o sono e a fadiga
- Melhorar a qualidade de vida

No momento em que você sente que a sua capacidade de controlar o seu corpo ou a sua vida está limitada, *mindfulness* também pode ser empoderador, pois já evidenciou:

- Reduzir pensamentos ruminativos
- Melhorar a tolerância à dor física
- Impactar o funcionamento imunológico
- Aumentar a empatia/compaixão

E por último, mas não menos importante, **prestar atenção ao seu corpo pode ser uma forma importante de ser mais responsivo a suas necessida-**

des de saúde. Um homem contou que a forma de aprender a prestar atenção ao seu corpo o ajudou a entender com mais clareza se ele queria ou precisava de mais ou menos água, comida, cafeína ou medicamentos para a dor. Sua experiência poderia ter sido útil para uma mulher que acabou sendo hospitalizada por desidratação e um pulmão colapsado depois de desprezar seus sintomas.

Habilidades de *Mindfulness*

Vamos examinar como usar estas habilidades. Quando você está praticando *mindfulness*, você escolhe tentar **estar consciente do que está acontecendo neste momento**. Você pode ter uma visão mais completa das suas circunstâncias **observando e descrevendo sua experiência interna e externa**. Sua experiência interna inclui sentimentos, pensamentos e sensações. Sua experiência externa se refere a cenas, sons, cheiros e impressões táteis no mundo à sua volta. As observações são mais acuradas quando você **nota e rotula o que observa através dos seus sentidos sem acrescentar suposições ou julgamentos não baseados em fatos**.

Pode ter certeza de que você não precisa ser monge, fazer meditação formal nem necessariamente sentar em silêncio por um período de tempo para praticar *mindfulness*. As habilidades de *mindfulness* na DBT trazem as práticas de meditação oriental para a vida cotidiana. Você obtém alguns dos benefícios das práticas tradicionais ao notar que sua mente inevitavelmente se desvia do que está acontecendo no momento e então, conscientemente de forma intencional, você traz sua atenção de volta para o que está acontecendo no presente.

Sensações Físicas

Prestar atenção à sua experiência pode ser muito novo para você. Veja se consegue reservar um momento agora para ser curioso e observar qualquer coisa dentro de você e à sua volta da qual não tenha tido consciência até que parou para olhar. Tente fazer uma pausa e ver se você consegue notar pelo menos duas sensações físicas.

Respire fundo e expire lentamente. Se isso funcionar com você, faça o melhor possível para tentar localizar no seu corpo alguma sensação de aperto, alívio, frio ou calor. Você consegue notar seu batimento cardíaco? Inicialmente, você pode não reconhecer nenhuma sensação. Sua cabeça, garganta, mãos e abdome são bons lugares para fazer essa observação. Talvez você possa sentir seus pés no chão ou a sensação do seu corpo quando ele toca a cadeira. Talvez você consiga detectar alguma tensão em seus músculos ou perceber a subida e descida do seu tórax enquanto respira. Tudo isso pode ser muito novo, mas veja se é possível estar consciente das sensações que mudam de um momento para o seguinte. Você consegue detectá-las ficando mais fortes, mais fracas, mais ou menos vívidas ou intensas?

Nota: A sua mente sábia é sempre o melhor guia para dizer se alguma sugestão neste livro será útil para você. Sinta-se à vontade para interromper se você achar que está ficando muito agitado ao notar dor ou outras sensações.

Pensamentos

Agora tente observar seus pensamentos. Esforce-se ao máximo para notar e identificar as duas primeiras ideias que lhe vêm à mente. **Observar os pensamentos é diferente de pensar intencionalmente em alguma coisa**. O objetivo é tentar controlar sua atenção, não o que você vê. Isso pode ser difícil, mas veja se é possível observar os pensamentos se aproximarem e deixar que eles passem, sem se apegar a eles, como se estivessem passando em uma esteira rolante.

Você acrescentou alguma suposição, julgamento, explicação ou opinião? Não se critique por fazer julgamentos. Frequentemente somos rápidos em decidir que há alguma coisa errada com uma reação natural e nos julgamos por julgar! De fato, fazemos julgamentos o tempo todo, incluindo sobre este exercício ou sobre a forma como o fazemos. Estar consciente da frequência com que fazemos isso é o primeiro passo para minimizá-los.

Emoções

Agora vejamos se é possível observar as emoções que você está sentindo. Você está preocupado, calmo, aborrecido, ansioso, triste, irritado, frustrado, com raiva? Talvez você note onde em seu corpo você sente a emoção e como ela é. Reconhecer e nomear emoções provavelmente é uma experiência nova e não é fácil. Faça o quanto for possível aqui e deixe que seja bom o suficiente. Você ainda está aprendendo! Nos próximos capítulos, apresentamos pensamentos e respostas físicas comuns a emoções particulares que podem tornar a identificação mais fácil.

Agora vamos reunir o que já discutimos para ver como usar *mindfulness* para tomar decisões efetivas:

> **PASSOS PARA ESCOLHAS EFETIVAS**
> - Nomeie a decisão.
> - Observe e descreva:
>   - Sensações
>   - Emoções
>   - Pensamentos
> - Identifique o estado da mente: emocional, racional ou sábia.
> - Adote uma perspectiva equilibrada da mente sábia.
>   - Use informações acuradas e confiáveis.
>   - Minimize os julgamentos.
>   - Foque no presente.
>   - Amplie a perspectiva para a história mais completa.
>   - Desafie noções do tipo preto ou branco.
>   - Considere pontos de vista adicionais.
>   - Equilibre os fatos e suas preferências/valores.

Como exemplo, vamos acompanhar a forma como Sara usa estes passos para tomar uma decisão sobre fazer uma mastectomia. Ela começa tentando estar aberta à sua experiência atual sem afastar ou se apegar aos pensamentos, emoções ou sensações que são particularmente confortáveis ou desagradáveis. Ela tenta deixar que suas emoções venham à tona e então passem como as ondas do oceano. Mas falar é mais fácil do que fazer!

Ela faz o melhor para notar suas **sensações corporais** observando e nomeando as informações dadas pelos olhos, ouvidos, nariz, pele e língua. Ela reconhece e admite:

Estou com um nó na garganta.

Estou cabisbaixa olhando para o chão.

Minhas mãos estão úmidas.

Meu coração está acelerado.

Sinto um frio na barriga.

Sinto-me instável para caminhar.

Em seguida ela tenta ficar consciente dos seus **pensamentos**:

Eu não preciso fazer esta cirurgia.

Será que eu posso mesmo morrer se não fizer isto? Ainda há tanta coisa que eu quero fazer na minha vida!

Não quero me sentir deformada.
Existem opções cirúrgicas que farão diferença?
Eu não deveria ter que abrir mão da sensação de uma mama natural.
Se a minha vida está mesmo em risco, há alguma escolha a considerar?
Quero uma segunda opinião.
Estou muito sobrecarregada para tomar esta decisão. Não consigo nem mesmo acompanhar o que eles estão me dizendo ou me lembrar das minhas perguntas.
Eu vou ser menos mulher?
Meu marido ainda vai me achar atraente?
Se eu fizer esta cirurgia, quero acordar e me sentir intacta.

O objetivo dela é recuar e notar estes pensamentos sem ficar presa ao seu conteúdo. Ela tenta **descrever** seu pensamento:

Surge um desejo de questionar e rejeitar os fatos.
Brotam julgamentos sobre precisar de cirurgia ou sobre como será a minha aparência.
Surgem dúvidas e questionamentos.
Ideias autocríticas me ocorrem.
Surgem ideias sobre como meu marido se sentirá ou eu me sentirei no futuro.
As noções mudam rapidamente e podem reaparecer.
Surgem preferências pessoais.

Quando observa e descreve suas **emoções**, ela reconhece:

Medo

Ansiedade

Raiva

Agitação

Apreensão

Tristeza

Preocupação

Quando Sara consegue prestar atenção cuidadosamente aos seus sentimentos e pensamentos, ela vê o quão rápido suas emoções e ideias mudam continuamente e depois voltam, como o movimento constante de um balanço.

A seguir, ela percebe que se encontra na mente emocional, reconhecendo que seu pensamento é fortemente influenciado pelo seu medo e preocupação. Se ela estivesse na mente racional, apenas as estatísticas dominariam seus pensamentos sem permitir a consideração de qualquer dúvida, questionamento ou preferências pessoais. Ela espera conseguir evitar permanecer em um extremo *ou* no outro e encontrar um ponto intermediário que equilibre os fatos *e* os seus sentimentos.

Seu objetivo é não menosprezar sua capacidade para sabedoria e tomar a decisão de acordo com uma mente sábia equilibrada. Depois de notar que está permitindo que suas emoções governem seu pensamento, Sara faz uma pausa para tentar colocar em perspectiva as informações objetivas e subjetivas. Ela quer ter certeza de que sua decisão está baseada em informações acuradas e confiáveis, então tenta prestar atenção apenas ao que observa através dos seus sentidos. Suas suposições e julgamentos são ideias que estão apenas na sua cabeça e, portanto, não podem ser observadas. Ela tenta estar consciente de todos os seus *deverias*, bem como de suas ideias sobre certas emoções ou circunstâncias serem boas ou ruins/melhores ou piores. Sara tenta deixar de lado estes julgamentos. Ela faz um esforço para ter consciência de quando está se antecipando com muitas preocupações sobre o que pode acontecer no futuro e tenta se manter focada nos fatos atuais que ela conhece com certeza.

Sara também se pergunta de que outra forma poderia responder efetivamente. Ela pode expandir uma perspectiva estreita sobre algo e desafiar algumas noções em preto-ou-branco? Seu objetivo é ampliar sua perspectiva para obter uma visão mais completa. Ela tenta se afastar como se estivesse olhando para sua situação do alto de um helicóptero para considerar outros pontos de vista ou interpretações adicionais. Ela reconhece que não tem que estar totalmente subjugada *ou* em total controle. Talvez exista um meio--termo. Ela considera a possibilidade de pedir ajuda e prepara uma lista das suas perguntas e preocupações antes da consulta. Ela decide pedir que alguém a acompanhe para anotar tudo o que a médica disser.

Embora Sara possa não conseguir realizar tudo o que deseja, sua mente sábia considera se é possível encontrar um equilíbrio entre os fatos médicos e suas preferências. Talvez ela tenha que aceitar que esta é uma cirurgia que é recomendada para a sua saúde. Existe uma chance de que ela não tenha que abrir mão de tudo o que é importante para ela? Ela decide investigar se existem opções médicas apropriadas a ela que possam contemplar algumas das suas apreensões e preferências.

Exercícios Práticos

Fortalecer as habilidades de *mindfulness* pode ajudar a assegurar que suas decisões estejam baseadas nas informações mais confiáveis e completas. Estas habilidades ajudam a equilibrar a mente emocional e a mente racional para fornecer uma visão da situação mais completa e mais acurada. Como qualquer habilidade, observar, descrever, minimizar julgamentos e adotar uma perspectiva da mente sábia exige prática. Faça o melhor possível para tentar usá-las sempre que puder sem se julgar quanto às habilidades que demandam mais tempo para serem dominadas. A seguir apresentamos algumas sugestões de práticas que podem ser usadas para fortalecer suas habilidades.

Pratique *Mindfulness* Observando e Descrevendo a Experiência

Pode ser mais fácil começar a trabalhar estas habilidades de *mindfulness* com uma experiência que seja menos carregada emocionalmente do que com alguma coisa relacionada ao câncer. Um bom exercício a considerar primeiro é **observar suas sensações corporais enquanto caminha**. Procure encontrar um lugar onde provavelmente você não será perturbado. Veja se consegue:

- Trazer uma admiração e curiosidade infantil para sua experiência como se você estivesse caminhando pela primeira vez.
- Sentir o ar tocando seu rosto, mãos e outras áreas expostas.
- Ouvir os sons à sua volta.
- Notar sua respiração no abdome ou na ponta do nariz enquanto o ar entra e sai.
- Caminhar lentamente.
- Tentar prestar atenção às sensações dos seus pés no chão enquanto caminha, ao mesmo tempo não colocando em palavras, explicações ou avaliações da experiência:
    - Coloque um pé à frente e veja se consegue detectar as sensações de erguer seu pé, sua perna e o resto do corpo.
    - Preste atenção enquanto coloca o pé no chão à sua frente. Você está consciente de sentir seu calcanhar? Você consegue discernir a sensação de cada dedo tocando o chão ou a sola do sapato?
    - A seguir, intencionalmente erga e movimente o outro pé para frente e note todas as sensações envolvidas em colocá-lo de volta no chão.

- Notar os pensamentos que surgem:
  - Veja se consegue discernir os julgamentos. Você tem ideias sobre o valor deste exercício? Você está se avaliando sobre como acha que está se saindo?
  - Experimente ficar consciente das noções, mas não ficar enredado nelas.
  - Tente deixar que os pensamentos venham e passem como alguma coisa se movimentando em uma esteira rolante ou como folhas flutuando rio abaixo.
  - Quando sua mente inevitavelmente se desviar, dê um sorriso compreensivo, pois você percebe que está aprendendo. Você está praticando uma habilidade nova. Você está começando a treinar a sua mente!

A seguir, tente **descrever sua experiência**. Aqui a habilidade se concentra em nomear as sensações corporais, emoções e pensamentos dos quais tem consciência enquanto está praticando. O ideal é colocar sua experiência em palavras, rotulando *apenas* o que você observa neste momento sem acrescentar julgamentos, suposições, conclusões prematuras ou outras teorias. Algumas pessoas consideram muito útil a prática de anotar a descrição.

Um exemplo de descrição do exercício da caminhada poderia ser:

- Senti a brisa suave no meu rosto.
- Ouvi um zumbido.
- Senti minha respiração nas narinas enquanto inspirava.
- Notei o meu calcanhar. Eu estava consciente da sensação no dedão do pé quando ele tocava o sapato.
- Me perguntei se este exercício não era bobo.
- Surgiu um incômodo.
- Eu não estava consciente das sensações ao erguer a minha perna.
- Surgiu insegurança.
- Julgamentos vieram à mente. Eu disse a mim mesmo que não era bom nisto. Questionei se esta coisa poderia ser útil.
- Percebi que eu não estava pensando no meu câncer durante estes poucos minutos.
- Surgiram pensamentos de avaliação. Decidi que este exercício poderia ser útil.
- Surgiu remorso.

- Percebi que inicialmente achei que o zumbido vinha de um cortador de grama à distância. O som podia estar vindo de outra ferramenta de jardinagem, uma ferramenta elétrica ou alguma outra coisa que eu não tenha pensado.
- Pensei que na verdade eu deveria voltar ao trabalho.
- Notei que minha mente se desviou da atenção à caminhada.
- Comecei a prestar atenção à caminhada novamente.
- Veio à tona a emoção de orgulho.

Pratique a Mente Sábia

Encontrar a mente sábia consistentemente exige muita prática. A seguir apresentamos algumas ideias para praticar.

Pedra no Lago

Imagine que você está perto de um límpido lago azul em um lindo dia ensolarado. Depois se imagine como uma pequena pedra, lisa e leve. Imagine que você foi jogado no lago e agora está suave e lentamente flutuando nas claras e calmas águas azuis indo em direção ao fundo do lago de areia macia.

- Note o que você vê, o que você sente enquanto submerge, talvez em círculos lentos, flutuando até chegar ao fundo. Quando chegar ao fundo do lago, fixe sua atenção ali, dentro de si mesmo.
- Tente prestar atenção à serenidade do lago; tenha consciência da tranquilidade e do profundo silêncio ali dentro.
- Quando chegar ao centro de si mesmo, fixe sua atenção ali.

Descendo a Escada em Espiral

Imagine que dentro de você existe uma escada em espiral, descendo exatamente até o seu centro. Começando pelo topo, desça a escada muito lentamente, indo cada vez mais fundo dentro de si.

- Note as sensações. Descanse sentando-se em um degrau ou acenda as luzes no caminho da descida, se desejar. Não se force a ir mais longe do que queira ir. Note o silêncio. Quando chegar ao centro de si mesmo, fixe sua atenção ali – talvez na barriga ou no abdome.

Mergulhe nas Pausas entre a Inspiração e a Expiração

- Inspirando, note a pausa depois da inspiração (auge da respiração).
- Expirando, note a pausa depois da expiração (base da respiração).
- A cada pausa, permita-se "mergulhar" no espaço central dentro da pausa.

PRÁTICA PARA ADOTAR UMA POSTURA NÃO JULGADORA

Descreva *apenas* os fatos que você observa com os seus sentidos, sem avaliações, suposições ou comparações.

- Tente notar como as coisas são sem adicionar "deverias", "bom ou ruim", "melhor ou pior".
- Preste atenção e tente mudar expressões faciais, posturas e tons de voz julgadores (mesmo os que estão na sua cabeça!).
- Note os julgamentos inevitáveis que surgem sem se criticar. Diga gentilmente: "Um julgamento me ocorreu".
- Para ter mais consciência da frequência com que se torna crítico, você pode considerar contar os pensamentos e afirmações de julgamento clicando manualmente em um contador ou fazendo marcações em um pedaço de papel.
- Notar os julgamentos é um processo constante para todos nós.

A seguir, vamos nos voltar para o entendimento e o manejo das emoções.

3

Como manejar emoções intensas

Você já teve algum destes pensamentos?

Sinto como se estivesse sendo atingido por um turbilhão de emoções.
Eu vou perder o controle?
Eu devo simplesmente tentar ignorar estas emoções dolorosas?
É melhor guardar estas emoções intensas para mim.
Não quero que ninguém pense que eu sou fraco e tenha pena de mim.

Lidar com emoções intensas pode ser difícil em qualquer momento. Os desafios podem parecer ainda mais difíceis quando você está convivendo com o câncer. Há tantas coisas novas e imprevisíveis acontecendo no seu corpo. Se você também sente que emoções poderosas estão ameaçando oprimir a sua mente, você pode se sentir ainda mais vulnerável.

Quando eu tive câncer, na verdade me preocupei se ficaria fora de controle e tive um sonho intenso.

Eu estava dirigindo um carro pouco confiável sob chuva torrencial. Eu não sabia onde estava. No lugar do painel onde deveria estar o GPS, havia um buraco escuro vazio. Tentei sem sucesso acessar os mapas no meu telefone. Não consegui conexão quando tentei telefonar para pedir ajuda. Pensei que eu poderia ir para o acostamento, mas não consegui parar. A chuva começou a ficar forte e me cegava, e eu estava numa área inundada, tomada pela água. Eu não conseguia controlar o que estava acontecendo. O carro estava afundando comigo dentro!

Eu me acordei gritando: "Socorro, socorro!". O medo intenso, o coração acelerado, o enjoo no estômago e o aperto no coração permaneceram por algum tempo depois que me acordei.

Tenha você câncer ou não, ninguém gosta de estar preocupado, triste ou irritado. No entanto, estas emoções podem ser reações comuns à vida com câncer. Mesmo sabendo que os outros podem se sentir como nós nos sentimos, podemos, ainda assim, nos criticar por termos emoções intensas. Você diz a si mesmo que deveria estar lidando com suas emoções de forma diferente? Você está procurando formas de lidar com emoções intensas? Como você pode fazer isso?

A DBT ensina que embora você não possa mudar situações imprevisíveis e incontroláveis, **você pode mudar a forma *como* responde**. Você pode recuperar um senso de controle e equilíbrio emocional aprendendo a regular emoções intensas. Neste capítulo, oferecemos formas de aceitar as emoções construtivamente sem ser consumido por elas. Explicamos como as emoções funcionam e apresentamos habilidades concretas para manejar emoções intensas, além de estratégias para você se acalmar no momento.

Entendendo as Emoções

As emoções têm má reputação. Fazemos julgamentos sobre emoções intensas. Decidimos que algumas emoções são boas *ou* ruins. Podemos achar que devemos evitar certas emoções *ou* então elas podem nos dominar. O fato é que suprimir emoções pode atrapalhar o enfrentamento efetivo. Bloquear emoções as intensifica. Estudos relatam que pacientes com câncer que conseguiram entender, categorizar e nomear suas emoções apresentaram melhora no enfrentamento emocional e outros benefícios à saúde, como níveis mais baixos de inflamação.

Para obter um entendimento mais completo das emoções, vamos começar examinando seus aspectos positivos. Surpreendentemente, elas podem ser muito úteis.

As Emoções Podem Ser Guias Construtivos para a Ação

Elas podem **transmitir mensagens sobre a segurança de uma situação**, informando se você precisa ou não estar alerta e consciente do perigo. Elas também podem **motivá-lo a vencer os obstáculos e tomar iniciativas produtivas**.

- **Medo** pode comunicar a necessidade de fugir do perigo, correr de um leão ou consultar um médico imediatamente.
- **Raiva** pode mobilizá-lo para se proteger contra uma ameaça física ou emocional, jogar com mais dedicação no campo de futebol ou se manifestar quando não estiver recebendo a ajuda de que precisa.
- **Ansiedade** pode ser um sinal de que você precisa responder e agir de acordo com a sua preocupação, estudar para o teste ou ligar para o médico.
- **Tristeza** lhe diz que pode ser útil buscar o apoio de outras pessoas.

As Emoções Fornecem uma Rápida Comunicação Não Verbal

Sua expressão facial, a linguagem corporal e o tom de voz podem intencionalmente ou não enviar mensagens às pessoas à sua volta. As expressões de empatia e compaixão foram chamadas de **linguagem de conexão**. De fato, demonstrar emoções abertamente comunica confiabialidade e aumenta a conexão social.

Então como as emoções provocam uma reação que não é efetiva?

Circuito de *Feedback* Negativo: um Ciclo de Emoções Improdutivo

Vamos supor que Sara está esperando ansiosamente uma ligação em atraso da sua médica com informações vitais para o curso do seu tratamento. Muitos de nós nos sentiríamos agitados nesta situação. A resposta inicial de Sara, frustração, é denominada **emoção primária**. Fisiologicamente, esta emoção, ou qualquer emoção nesse sentido, dura apenas cerca de 90 segundos.

Depois desse minuto e meio, temos reações adicionais, suposições e julgamentos sobre a situação. Por exemplo, Sara agora pode pensar:

Esta situação é ultrajante!

Por acaso minha médica não sabe como é ficar esperando?

Estou muito irritada. Ela não é digna de confiança.

Como vou confiar em alguém tão insensível?

A médica deve estar esperando mais um pouco para falar porque as notícias são muito ruins.

Será que eu sou apenas uma paciente irritada e exigente?

Essas opiniões e dúvidas podem despertar **emoções secundárias** como indignação, desconfiança, raiva, apreensão, ansiedade ou vergonha. A reação inicial de Sara de frustração é agora mantida e/ou intensificada por estes pensamentos, sensações corporais e reações emocionais que impactam uns nos outros. Suas emoções posteriores podem estar baseadas em julgamentos sobre a sua frustração, bem como pensamentos sobre a forma como suas emoções podem impactá-la e a seus relacionamentos. Estas emoções secundárias também são referidas como a segunda flecha, pois ela é "atingida" novamente!

Marsha usa a expressão **"as emoções se amam"** para descrever a forma como a experiência de uma emoção pode deixá-lo ainda mais sensível a outras informações que confirmam ou intensificam essa emoção. Você pode se sentir inundado por essas emoções secundárias e não conseguir encontrar o interruptor, como quando o acelerador do carro está colado no assoalho.

A frustração inicial de Sara poderia ter sido útil se a mobilizasse para consultar sua médica, mas agora ela pode estar **apegada a emoções inefetivas**. Se Sara focar em ideias que confirmam suas emoções, a frustração e indignação podem se intensificar. Agora ela está zangada. As expressões físicas de raiva, como a face ruborizada e o fato de estar à beira das lágrimas, podem agora involuntariamente reforçar sua emoção. Ela pode fazer julgamentos sobre sua médica que podem ou não ser acurados. Suponha que ela comece a se preocupar que seus cuidados podem não ser confiáveis. Ela então se torna crítica e faz julgamentos sobre si mesma por se sentir tão agitada, possivelmente desencadeando vergonha. Ela provavelmente já está ansiosa quanto às notícias. Agora essa torrente de emoções contínuas secundárias não claramente baseadas em fatos pode atrapalhar seu enfrentamento efetivo.

Então vamos examinar como você pode reduzir este ciclo improdutivo de emoções.

COMO REGULAR UMA EMOÇÃO

- Permita-se estar consciente de como você está se sentindo.
- Faça uma pausa para observar sua experiência emocional.
  - Preste atenção ao local e à forma como a emoção se expressa em seu corpo.
  - Note seus pensamentos.
- Descreva a experiência.
  - Nomeie a emoção que você deseja regular.
  - Rotule o evento desencadeante.
  - Identifique reações físicas e julgamentos/suposições sobre o evento.

- Verifique os fatos.
  ◦ Suas ideias são baseadas em fatos?
  ◦ Você está presumindo uma ameaça? Em caso afirmativo, nomeie-a e avalie a probabilidade de isso acontecer.
- Pergunte à mente sábia.
  ◦ A emoção ou sua intensidade está adequada aos fatos?
  ◦ Considere outras perspectivas possíveis.
  ◦ Decida se é benéfico para você expressar ou agir de acordo com a emoção.

Enfrentando as Emoções

O primeiro passo da regulação emocional é fazer uma pausa **para se permitir ter as próprias emoções**. Não podemos regular uma emoção que não reconhecemos. Estamos tentando manejar as emoções, e não bloqueá-las! De fato, **o controle emocional completo não é possível nem desejável**. Tentar evitar as emoções pode ser como jogar com uma daquelas armadilhas de dedo chinesas feitas de papel. Quanto mais você tenta se livrar dela, mais você fica preso. Lembre-se de que bloquear as emoções na verdade as intensifica. Ainda por cima, quando não reconhecemos nossas emoções, podemos ignorar quais mensagens úteis elas podem estar nos trazendo.

Por que tentamos evitar as emoções? Às vezes acreditamos no mito de que aceitar a emoção significa aprovar ou consentir em nos sentirmos assim. Também podemos nos preocupar que admitir uma emoção abrirá as comportas e vai nos esmagar com uma incontrolável emocionalidade.

Quando eu estava esperando a cirurgia, imaginei que, se permitisse que ansiedade ou tristeza viessem à tona, eu estaria cedendo a essas emoções. Como muitas pessoas, fiz julgamentos sobre as minhas emoções. Eu estava preocupada em ter que pagar um preço por demonstrar emoções "negativas, inaceitáveis". Achei que eu *deveria* ser mais positiva e fui crítica comigo mesma por me sentir apreensiva ou triste e pesada. Eu me preocupava que algum medo ou angústia me definisse como fraca ou egoísta. Encobri minhas emoções para proteger minha autoimagem e evitar vergonha ou piedade. Eu queria garantir que eu não parecesse vulnerável diante de mim mesma e de qualquer outra pessoa.

O objetivo da regulação emocional é encontrar um ponto de equilíbrio entre evitar emoções e permiti-las sem ser dominado por elas. O ideal é aceitar as emoções, e não as afastar, prender-se a elas ou amplificá-las. Eu adoro a imagem que um sábio professor zen compartilhou comigo. Ele me disse para pensar em segurar minhas emoções suavemente com a palma da mão aberta, e não com o punho cerrado como se fosse tentar retê-las ou esmurrá-las para que se afastem. Com a palma da mão aberta, tentamos **permitir que a emoção venha e depois a deixamos ir**, como surfar ondas subindo e descendo.

Percebi em primeiro lugar que tentar bloquear as emoções não funciona. Por mais que eu tentasse evitar a ansiedade ou tristeza, minhas emoções de qualquer forma se mostravam. Minha irmã se ofereceu para ficar no hospital comigo e eu disse que não era necessário. Na manhã da minha cirurgia, fiquei surpresa pelo forte desejo de me conectar com a família da minha infância e agora queria a minha irmã comigo. Com a realidade da cirurgia me encarando de frente, então pedi que ela fizesse a longa viagem até o hospital. Na época, eu não entendi a minha reação emocional nem tinha consciência do que estava sentindo. Mas felizmente respeitei a mensagem para buscar apoio. Abençoadamente, minha irmã também. Ela veio.

Quase deixei passar despercebida uma mensagem valiosa das minhas emoções que julguei como destrutivas e não queria aceitar. Eu estava tão ocupada tentando ser forte que não fui capaz de pedir que as pessoas me apoiassem ou de permitir que elas assim o fizessem. Mais tarde, aprendi que minhas emoções não precisavam estar ligadas ou desligadas. Eu podia enfrentar a situação mais efetivamente permitindo minhas emoções *e* aprendendo a regular sua intensidade. Eu pude aprender a reconhecer uma mensagem construtiva das minhas emoções *e* controlá-las quando escalavam e/ou persistiam improdutivamente.

Agora vamos acompanhar a forma como Sara poderia manejar a raiva por não ter notícias da sua médica no horário esperado em um exemplo de como regular a emoção.

Faça uma Pausa para Observar a Experiência Emocional

Prestar atenção ao local e à forma como a emoção se expressa pode ajudar Sara a reconhecer os fatores no circuito de *feedback*. Ela começa parando para reconhecer como está se sentindo. Diferente de mim, Sara está na mente emocional e permite suas emoções. Ela reconhece sua intensa irritação. Ela tenta prestar atenção aos seus pensamentos sem automaticamente aceitar como um fato tudo o que lhe vem à mente. Ela faz um esforço para notar onde em seu corpo ela está reagindo, identificando seu rosto ruborizado, a tensão na mandíbula e os punhos cerrados.

Descreva a Experiência

Sara tenta colocar em palavras um quadro completo da sua experiência interna. Rotular as reações é um passo crucial na regulação emocional, pois pode ajudar a identificar sinais que podem estar intensificando a emoção ao desencadear um circuito de *feedback* negativo. Mais ainda, identificar uma emoção literalmente ajuda a diminuir sua intensidade.

Nomeie a Emoção Que Você Está Tentando Regular

"Nomear para domar" reflete a pesquisa que mostra que **rotular uma emoção acalma o sistema nervoso central**. Lembre-se também de que pacientes com câncer que conseguiram classificar e rotular suas emoções apresentaram melhor enfrentamento além de outros benefícios para a saúde. Sara, assim, identifica sua raiva.

Nomear as emoções nem sempre é fácil. Aprendi que é ainda mais difícil rotular emoções que estamos tentando evitar. Às vezes simplesmente não sabemos o que estamos sentindo ou como nossas emoções se conectam com nossas ações. Nossas emoções secundárias podem dificultar ainda mais o reconhecimento de uma emoção primária. Nos próximos capítulos, oferecemos formas adicionais para ajudá-lo a reconhecer as emoções mais comuns que ocorrem com o câncer.

Rotule o Evento Desencadeante

O próximo passo para Sara ao descrever sua experiência é tentar reconhecer o desencadeante da sua emoção. Nem sempre é fácil identificar o que instiga uma emoção. Nós tipicamente pensamos no evento desencadeante como uma experiência externa como, por exemplo, ela não ter notícias da médica quando necessário e esperado. No entanto, a raiva de Sara também pode ser desencadeada por uma experiência interna como uma sensação física como a dor. Também é possível que a ruminação de pensamentos como o medo das notícias e/ou sua indignação se retroalimentem, podendo assim perpetuar sua raiva.

Identifique Reações Físicas e Julgamentos/Suposições

Agora Sara tenta rotular seus julgamentos ou suposições e transformar em palavras as respostas do seu corpo. Identificar suas reações pode ajudá-la a estar mais consciente dos sinais que podem estar intensificando sua emoção.

Ela nota que seu corpo expressa raiva por meio da sua face ruborizada, da tensão na mandíbula e dos punhos cerrados. Ela reconhece que está fazendo julgamentos do tipo preto-ou-branco sobre sua médica e sobre si mesma. Ela rotula suas suposições de que sua médica é insensível, inconstante e pouco confiável *ou* que ela própria é muito exigente. Sara percebe que também está imaginando que a notícia é ruim.

Verifique os Fatos

Quando o desfecho é muito importante e/ou a ameaça tem chances de se tornar realidade, estamos ainda mais suscetíveis a ter uma reação intensa e duradoura. A raiva de Sara faz sentido se ela já passou pela experiência de ter recebido cuidados médicos pouco receptivos e acha que a sua saúde ou paz de espírito está comprometida.

No entanto, é muito importante que Sara se certifique de que suas suposições estão corretas. Suas ideias foram confirmadas pelos fatos? Embora possa haver uma possibilidade de que seus piores pesadelos sejam verdade, suas preocupações podem nem sempre ser justificadas ou oferecer um quadro completo da situação. Acreditar em ideias que não estejam baseadas em fatos pode deixá-la mais emotiva do que seria justificável. Ela não quer acrescentar estresse desnecessário supondo incorretamente más notícias.

Seu objetivo é checar a precisão das suas suposições, incluindo o motivo pelo qual ela não teve notícias da médica. Ela tenta nomear alguma ameaça que imagina. Ela reconhece que as ameaças são a possibilidade de receber notícias indesejadas, o risco de receber cuidados indiferentes e não confiáveis ou a possibilidade de que ela mesma seja uma paciente difícil.

Mente Sábia

O próximo passo para Sara é usar a mente sábia a fim de adotar uma perspectiva mais ampla e equilibrada. Há outras formas de olhar para sua situação de modo a obter um quadro mais completo sobre sua médica e ela mesma? A intensidade da sua raiva está adequada aos fatos das suas circunstâncias? Ela considera:

Há outras razões para que a médica não tenha telefonado? Pode ter havido um problema administrativo no consultório dela? Será que eu não ouvi a ligação?

É possível que me dar um retorno seja uma das muitas prioridades da minha médica, mas que ela tenha ficado presa com outros pacientes? Quando eu paro para pensar nisso, ela parece confiável?

A minha irritação é mais forte do que justificariam os fatos? É possível que a minha agitação seja mais forte porque estou esperando notícias importantes sobre a minha saúde?

Estou indignada neste momento. Mas em geral não sou uma paciente irritada e exigente. A minha raiva realmente me define?

Decidindo Expressar ou não as Emoções

Existe diferença entre um impulso natural de agir segundo as emoções e realmente expressá-las neste momento. Você tem escolha. Sua mente sábia pode ser um guia valioso para ajudá-lo a considerar se é do seu interesse agir segundo suas emoções imediatamente.

Quando as emoções não estão baseadas em fatos, a decisão mais construtiva costuma ser *não* agir imediatamente. A experiência de Sara com sua médica é que ela normalmente *é* confiável. Ela reconhece que suas emoções são mais fortes do que os fatos justificam e decide que não é do seu interesse expressar suas emoções à médica neste momento. Ela não quer arriscar comprometer uma relação com alguém em quem precisa confiar. Em vez disso, Sara decide fazer uma pausa, corrigir suas hipóteses e tentar regular suas emoções.

Por outro lado, o que Sara pode fazer caso suas suposições tenham base em fatos? Suponha que a médica de Sara não seja tão receptiva quanto ela deseja e precisa. Ela ainda pode sabiamente decidir tentar reduzir a intensidade da sua raiva. Porém agora pode ser do seu interesse abordar o problema expressando suas emoções e tomando uma atitude.

> **SOLUÇÃO DE PROBLEMAS PARA ENTRAR EM AÇÃO**
>
> Vamos examinar estratégias de solução de problemas para usar quando as suposições correspondem aos fatos.
>
> - Descreva o problema.
> - Verifique os fatos.
> - Identifique o objetivo.
> - Faça um *brainstorm* para muitas soluções.
> - Escolha uma solução adequada ao objetivo e que provavelmente vá funcionar.
> - Aja.

O problema é a preocupação de Sara de que sua médica não seja tão receptiva quanto ela deseja ou precisa. Neste caso, quando checa os fatos, suas suposições estão corretas e sua indignação é compreensível. Seu objetivo é ter uma boa relação de trabalho com um profissional que seja receptivo e forneça boa assistência médica.

Neste ponto, ela reflete sobre possíveis ações. Por exemplo, ela pode guardar para si o reconhecimento da sua decepção. Ela pode compartilhar suas emoções com uma pessoa querida. Ela pode falar com alguém no consultório da médica. Ela pode falar diretamente com a médica. Ou pode mudar de médico.

Se Sara decidir falar diretamente com a médica, deverá saber como se expressar, ao mesmo tempo que protege uma relação com alguém em quem precisa confiar. O Capítulo 8 aborda estratégias para comunicação com profissionais médicos e oferece habilidades pessoais que Sara pode usar para falar de forma efetiva com a sua médica.

Formas a Curto Prazo de Tolerar Mal-estar Intenso

Algumas vezes a dor pode ser extrema. O que você pode fazer se suas emoções parecerem intensas demais (mais de 80 em uma escala subjetiva de mal-estar de 1-100) para enfrentar neste momento? A prioridade imediata pode ser obter alívio suficiente para lidar com tudo. Talvez você se sinta muito sobrecarregado para refletir sobre todos os passos da regulação emocional. Estas estratégias para tolerar o mal-estar não resolvem o problema, mas oferecem formas de passar por momentos difíceis mudando o *input* fisiológico no circuito de *feedback*.

Respiração Compassada

A respiração compassada é uma forma efetiva de promover redução da intensidade emocional por meio da desaceleração da frequência cardíaca. Melhor ainda, a habilidade pode ser usada em público sem que os outros saibam. Por exemplo, Sara pode usar essa habilidade caso a raiva continue muito intensa ou persistente, ou ainda se ela estiver sentada no consultório da médica esperando pelos resultados dos exames.

A calma é promovida expirando e inspirando mais profundamente. Quando você muda a fisiologia do seu corpo alterando o padrão respiratório, você corta o *input* fisiológico em um circuito negativo de perigo. A desaceleração da frequência cardíaca ativa o sistema nervoso parassimpático. **Se você tiver algum problema respiratório, consulte seu médico antes de usar esta habilidade.**

Para usar respiração compassada:

- Reduza o ritmo da sua respiração até uma média de cinco ou seis respirações por minuto.
- Tente respirar profundamente no seu abdome.
- Inspire contando lentamente até 4.
- Faça uma pausa.
- Tente expirar contando até 6 ou, se possível, até 8. Repita.

Relaxamento Muscular Pareado

Esta estratégia associa o relaxamento muscular à expiração para reduzir a tensão física e promover calma. Como com cada sugestão neste livro, use sua mente sábia para garantir que esta prática seja útil para você.

Os passos a serem dados são:

- Inspire enquanto endurece e contrai seus músculos, mas não tanto a ponto de causar uma câimbra.
- Preste atenção à tensão em seu corpo por 4-5 segundos.
- Expire por 6-7 segundos enquanto suaviza a tensão. Diga a palavra *relaxe* em sua mente enquanto relaxa a musculatura "amolecendo" o corpo como se fosse uma boneca de pano.

- Atraia sua atenção para os **músculos faciais**.
  - Enrugue a testa e depois relaxe.
  - Aperte os olhos fortemente e então relaxe.
  - Franza as sobrancelhas e depois suavize.
  - Comprima as bochechas e o nariz fortemente e então relaxe.
  - Ranja os dentes e então afrouxe toda a boca e mandíbula, com a língua relaxada e os dentes ligeiramente afastados.
  - Franza firmemente os lábios e então deixe que os cantos dos lábios relaxem e se voltem para cima levemente com um meio-sorriso e expressão facial tranquila.
- Note seus **ombros, braços e mãos**.
  - Enquanto inspira profundamente, erga os punhos cerrados até as orelhas e encolha os ombros.
  - Enquanto expira, deixe os braços caírem e vire para fora suas mãos abertas com as palmas para cima e os dedos relaxados.
- Foque em seu **torso, pernas e pés**.
  - Encolha a barriga e contraia os glúteos. Depois relaxe.
  - Tensione as coxas e panturrilhas e depois relaxe.
  - Flexione os tornozelos, encolha os dedos dos pés e então os alongue.

 Algumas pessoas acham muito perturbador prestar atenção em alguma área do corpo que esteja passando por desconforto físico, mesmo que brevemente. Se as sensações forem muito perturbadoras, mude para outra parte do corpo, evite essa área ou não use esta prática.

 Quanto mais frequentemente você realizar esta técnica, mais efetiva ela se tornará para ajudar a promover calma. A primeira vez em que você tentar isso, cuide para estar em um local silencioso e tenha bastante tempo disponível. À medida que melhorar, tente usá-la em vários ambientes diferentes para que se torne possível empregar esta estratégia onde quer que você esteja e sempre que precisar.

 Os próximos três capítulos demonstram como aplicar este conjunto de habilidades para regular as emoções mais comuns ao lidar com o câncer. Como às vezes é difícil saber e identificar as emoções, incluímos formas específicas para ajudá-lo a reconhecer e rotular medo, tristeza e raiva. Também oferecemos mais habilidades para tolerar o mal-estar a curto prazo.

4
Manejando medo, ansiedade e estresse

As pessoas reagem ao câncer de diferentes maneiras. Mais de 51% dos pacientes com câncer pesquisados disseram que sua necessidade mais importante era lidar com o medo. Embora medo e ansiedade possam fornecer informações valiosas sobre uma ameaça de perigo, estas emoções compreensíveis são frequentemente estressantes e perturbadoras. Você está presumindo que coisas assustadoras irão acontecer? Você tem medo de perder capacidades, relacionamentos, dignidade ou mesmo a sua vida? Você acha que a preocupação constante o protege ao mantê-lo vigilante em relação aos perigos potenciais? Talvez você esteja preocupado que seu medo ou ansiedade seja muito intenso e destrutivo. Estas emoções já impediram que você fizesse o que precisa fazer para cuidar bem de si? Você adicionou o impacto do estresse a uma longa lista de preocupações?

É possível encontrar um lugar adequado para reações compreensíveis ao câncer. Este capítulo oferece formas de encontrar uma resposta equilibrada da mente sábia ao inevitável estresse de conviver com esta doença. Apresentamos as estratégias de enfrentamento da ação oposta, autoinstrução e antecipação para reduzir o medo e a ansiedade que podem ser mais extremos, podendo assim retirar você do caminho das reações efetivas. Além disso, sugerimos mais formas de tolerar o mal-estar a curto prazo.

Circuito de *Feedback* Negativo do Medo, Ansiedade e Estresse

Vamos dar uma olhada em um modelo para entender o medo, ansiedade e estresse que podem ser uma parte inerente do processo de lidar com o câncer. Em uma situação assustadora como o câncer, o medo geralmente faz sentido. Lembre-se de que o medo mobiliza uma resposta fisiológica de estresse a fim de prepará-lo para tomar uma atitude de autopreservação a partir de um perigo imediato. O corpo trabalha em conjunto com os pensamentos para evitar danos. Depois que passa o perigo, a resposta corporal ao estresse geralmente volta ao normal e os pensamentos assustadores se atenuam.

No entanto, para muitas pessoas o câncer também aponta a realidade de conviver com um futuro incerto. Algumas vezes, pode não estar claro se existe uma ameaça constante, e ansiedade ou apreensão sobre o que *pode* acontecer é compreensível. O problema pode surgir quando os pensamentos de ansiedade, assim como as reações corporais constantes ante o estresse, oriundas do medo, ativam um círculo vicioso. Quanto mais ansioso você se sente, mais estressado pode ficar. Quanto mais estressado você se sente, com mais coisas se preocupa. Quanto mais amedrontado e ansioso você se sente, mais estressado seu corpo fica.

Fazer uma pausa consciente (*mindfulness*) para prestar atenção a todas as partes da sua experiência pode ajudá-lo a ser mais preciso sobre onde você pode ser capaz de fazer mudanças para romper este ciclo inefetivo.

Enfrentando Medo, Ansiedade e Estresse

Lembre-se de que o primeiro passo é fazer uma pausa e reconhecer como você se sente. Isso não é assim tão fácil de fazer. O problema pode ser que quando estamos com medo, muitos de nós somos inclinados a correr na outra direção – física e emocionalmente. Alguns de nós fazemos o que for possível para nos afastarmos desse sentimento bruto de estar entrando em pânico. Eu mesma evito filmes de terror porque não gosto de me sentir pouco à vontade e com o coração na mão.

Os julgamentos sobre medo e ansiedade ou suposições sobre o que as emoções dizem sobre nós podem nos impedir de permitir essas emoções. Um homem me contou que achava que seu medo era um sinal de fraqueza. Ele erroneamente acreditava no mito de que reconhecer medo e ansiedade é o mesmo que aceitar o câncer passivamente, desistir de lutar pela sua saúde ou achar que não pode manejar essas emoções. Outra mulher disse que não queria nem mesmo usar a palavra *medo* em relação ao câncer. Ela considerava a palavra um tabu porque não queria que o medo governasse a sua vida.

Estaríamos agora sugerindo que você precisa se permitir ter consciência de sentir-se amedrontado para ser capaz de reduzir seu medo? Por mais contraditório que possa parecer, lembre-se de que aceitar suas emoções, reconhecendo que você tem medo, é um passo essencial para se proteger e lidar com o quanto você se sente assustado.

De fato, reconhecer o medo o ajuda a se proteger e defender a si mesmo ou as pessoas com quem você se importa. Notar seu medo assegura que você não deixe de perceber um sinal para se preparar para o perigo e agir de acordo com a ameaça. Permitir o medo realista pode motivá-lo a tomar uma atitude difícil – correr para dentro daquele edifício em chamas para salvar seu filho!

Olhar o medo nos olhos e enfrentar as ameaças também pode ajudá-lo a tomar decisões efetivas. A mesma mulher que não queria usar a palavra *medo* também disse que tinha consciência de que sua preocupação sobre sua saúde a tinha mobilizado a fazer escolhas mais saudáveis sobre como vivia. Depois de examinar corajosamente seu risco de recorrência do câncer, ela mudou sua dieta e começou a se exercitar regularmente.

Você está em maior risco de ser governado pelo pânico quando nega a emoção. Enfrentar o medo constante que contribui para a ansiedade pode ajudar a minimizar a força que ele tem sobre você. Fazer uma pausa para se permitir prestar atenção aos seus pensamentos e emoções assustadores pode ajudá-lo a notar que eles podem ir e vir. É possível que o processo também possa ajudá-lo a se separar do que você observa e não levar tanto o seu medo para o lado pessoal. Você pode ver que seu medo não é uma afirmação sobre você que deva governar a sua vida. Como resultado, você também pode começar a ser menos crítico consigo mesmo e na verdade sentir menos medo.

Da mesma forma, é muito importante aceitar que o estresse é uma parte inevitável de todas as nossas vidas. Com câncer ou sem câncer, o estresse é uma resposta natural aos desafios inevitáveis na vida e à necessidade de tolerar a incerteza. É claro que você fica estressado pelo câncer. Reconhecer que seu estresse não é sua culpa pode ajudá-lo a ser menos autocrítico. Você pode na verdade se sentir menos ansioso ou estressado.

Reconhecendo a Emoção

Para controlar o medo, dê o seu melhor para permitir-se estar consciente e reconhecer suas emoções, prestando atenção ao local e à forma como a emoção é comunicada. Algumas pessoas não têm problemas em notar seu medo e ansiedade. Elas sabem muito bem como estão se sentindo. Considere Keisha, que é hiperalerta a suas dores, preocupando-se que cada sensação física implique um prognóstico negativo. Sua apreensão sobre más notícias a deixa enjoada. Ela teme as consultas médicas, as quais acha aterrorizantes, e fica fantasiando sobre simplesmente ficar em casa. Mas como eu, outros podem investir tanta energia em evitar suas emoções que acham difícil reconhecer como se sentem.

Para ajudá-lo a identificar suas emoções, vamos examinar algumas das formas comuns pelas quais o medo pode ser expresso na sua mente, corpo e pensamentos.

"Nomear para Domar"

Lembre-se de que rotular a experiência ajuda a aquietar a emoção. Conhecer muitas formas de identificar e nomear uma emoção pode ajudá-lo a reconhecer o que você pode estar sentindo e a se acalmar.

Algumas das palavras mais comuns usadas para descrever o medo incluem:

Agitação	Inquietação	Preocupação
Ansiedade	Irritação	Temor
Apreensão	Nervosismo	Tensão
Choque	Opressão	Terror
Histeria	Pânico	
Horror	Pavor	

Também pode ser útil notar e rotular que você está experimentando estresse. Veja se consegue dar um passo atrás para identificar que você se sente estressado sem acrescentar um julgamento negativo sobre implicações de saúde ou suas habilidades de enfrentamento. Na verdade, dar este passo lhe oferece mais motivo para se sentir confiante quanto ao seu enfrentamento, pois as estratégias de *mindfulness* demonstraram desenvolver mais resiliência ao estresse.

Expressão Física de Medo e Ansiedade

As sensações físicas sempre devem ser avaliadas com seu médico. Além disso, pode ser útil para você, como para Keisha, ter noção de quais reações físicas também podem ser expressões de medo e ansiedade. Vamos examinar onde e como o medo pode comumente ser comunicado no rosto e no corpo.

Você tem consciência de que está com os dentes cerrados ou de que está franzindo a testa? Você está chorando? Olhos bem abertos? Boca relaxada? Você está suando? Tremendo? Você percebe um nó na garganta? E um frio na barriga ou tremor nos membros? Pressão, aperto, dores ou calor na cabeça, garganta, peito e/ou abdome? Todos esses podem ser sinais de medo e ansiedade. Seu médico pode verificar a possibilidade de que a falta de ar e/ou um batimento cardíaco acelerado seja emocionalmente induzido.

Sua postura tensa também pode ser um indício da presença de medo. Você se sente como se fosse apenas um monte de músculos rígidos defendendo a própria existência? Está com a cabeça projetada para frente? Está com os ombros contraídos ou curvados para frente? Você cruzou os braços? Suas costas estão curvadas ou seu peito está afundado? Quando parei para observar meu corpo com atenção, pude notar como meus braços e mãos estavam rígidos e tensos. Eu estava muito mais tensa do que percebia.

Quando uma resposta de medo fica presa no seu sistema nervoso, a tensão na sua mente e corpo pode perpetuar a reação emocional além dos 90 segundos iniciais, período normal de duração de uma emoção em termos fisiológicos. O medo constante também pode impactar a digestão com diarreia, constipação, vômito ou aumento ou redução no apetite. Mais uma vez, como com qualquer sintoma, não deixe de consultar seu médico.

As sensações físicas também podem desencadear emoções dolorosas. Uma pessoa percebeu que entrava em pânico quando sentia o cheiro do mesmo produto de limpeza que era usado no hospital durante seu transplante de medula. O odor trazia de volta memórias sensoriais dolorosas, e ela se sentia tomada pela ansiedade. Outro homem percebeu que quando se sentia cansado isso o lembrava de que estava doente, e sua fadiga desencadeava ansiedade.

Pensamentos Que Expressam Medo e Ansiedade

Como o medo e a ansiedade aparecem nos seus pensamentos? Quando achamos que estamos em perigo, podemos estreitar nossa atenção para ficarmos hipervigilantes a qualquer risco. Medo e ansiedade podem ser transmitidos por incessantes ideias de preocupação sobre perigo e suposições do pior desfecho.

 Keisha achava que era sua tarefa rastrear o perigo. Parte dela acreditava que sua preocupação constante a protegia e a preparava para um futuro difícil. Quando ela sentiu uma cólica, presumiu que o novo sintoma significava que seu câncer havia se espalhado. Ela decidiu que devia descansar mais para conservar energia e parou de fazer as caminhadas de que tanto gostava.

 Prestar atenção para ver se você está se mantendo no presente pode ser muito útil no manejo da ansiedade inefetiva. Você conta a si mesmo histórias sobre o que poderia dar errado no futuro e, como Keisha, antevê novos problemas médicos? Você está presumindo que seus problemas atuais vão existir pelo resto da sua vida? Você se percebe imaginando desamparo, sofrimento ou dor que não existem no momento?

 Veja se consegue notar seus julgamentos e suposições. Você é, como muitos de nós, autocrítico por ter muitas preocupações? Você está se julgando por ter medo não efetivo? Você supôs que seu estresse é um sinal de que você não consegue lidar com a situação ou sua ansiedade está lhe deixando pior? Você está com vergonha de estar tão assustado? Keisha disse a si mesma que os outros não se preocupavam tanto quanto ela. Ela decidiu que estava deixando o medo e a ansiedade governarem sua vida. Ela começou a se chamar de "Nellie Nervosa"*, invalidando suas preocupações compreensíveis.

 É importante para você, como para Keisha, ter em mente que medo e ansiedade são respostas compreensíveis ao câncer. Seus julgamentos ou as sugestões bem-intencionadas dos outros de que você *deveria* "pensar positivo" em vez de ficar com medo, preocupado ou estressado podem ser invalidantes. A mensagem para negar ou ignorar emoções aversivas é irrealista e pode banalizar sua dor e estresse. Ainda por cima, um mantra de pensamento positivo pode ser um fardo injusto se implicar que suas emoções naturais são simplesmente resultado de uma atitude ruim ou se fizer com que você se culpabilize pela sua condição médica.

 A maneira mais efetiva de lidar com pensamentos assustadores e ansiosos é notá-los. Dê o seu melhor para identificar que você está se preocupando sem fazer julgamentos. Então tente deixar o pensamento passar. Cada vez que você identificar um pensamento ansioso, estará conscientemente se treinando para não permanecer com estas preocupações. Embora pareça

---

* N. de T.: No original, "Nervous Nellie", expressão que se refere a uma pessoa mais tímida, nervosa ou ansiosa do que a maioria dos indivíduos.

difícil, veja se é possível se imaginar colocando esses pensamentos em uma esteira rolante e deixando-os passar.

Verifique os Fatos

Quando o ciclo de ansiedade é iniciado, ficamos vulneráveis a crenças inquietantes que podem não ter uma base racional. Tente checar os fatos para se certificar de que seu medo é baseado em fatos e se na verdade existe tanto perigo quanto você imagina. Essas ideias ansiosas podem não estar baseadas em fatos. Você deve se certificar de que suas suposições médicas e emocionais são acuradas. Quem precisa acrescentar ansiedade por causa de medos com pouca chance de se concretizarem? Verificar os fatos lhe dá a oportunidade de zerar a resposta de estresse em seu corpo deixando de lado preocupações irrealistas sempre que possível.

Keisha presume que seu médico vai lhe dar más notícias. Ela está correta? O âmbito do câncer pode variar muito, sendo que você pode ficar bem, ou a doença pode provocar uma grande alteração na sua vida ou até mesmo causar a sua morte. Você consegue identificar com clareza onde se encontra o seu câncer dentro desse espectro? Você está abrindo mão de coisas que são importantes para você sem ter certeza de que isso é necessário? Keisha está presumindo que a única explicação para sua cólica é que o câncer se espalhou. Ela precisa avaliar a probabilidade de que sua crença seja acurada e que realmente é aconselhável que ela abandone as caminhadas de que tanto gosta.

Mente Sábia

Há momentos em que o medo faz sentido, mas pode não ser útil. Pergunte à sua mente sábia se a sua emoção é mais intensa do que efetiva para você neste momento. Emoções justificáveis se tornaram contraproducentes, despertando mais ansiedade? Sua ansiedade constante está ajudando mais ou prejudicando mais? Você quer reduzir a emoção?

Depois que Keisha checou os fatos com o médico, descobriu que a cólica não estava relacionada com seu câncer ou seu tratamento. A PET *scan* não mostrou disseminação do câncer. Tanto as suposições médicas quanto as suas crenças estavam incorretas. Keisha percebeu que, embora seu medo fosse compreensível, ela estava acrescentando preocupações desnecessárias que intensificavam seus problemas. Sua mente sábia a ajudou a adotar uma perspectiva mais equilibrada. Ela percebeu que a ansiedade ameaçava atrapalhar seu tratamento médico e a realização de sua atividade preferida. Reconheceu que agir de acordo com seu medo evitando o médico ou abandonando suas caminhadas não era benéfico para ela. Nesse ponto era importante que Keisha tentasse não se criticar por causa de sua reação. Muitos de nós nos preocupamos que as coisas possam ser muito piores do que na verdade elas acabam sendo.

Ação Oposta

Também pode haver momentos em que o medo intenso é justificado, mas ainda assim não é efetivo para você. A ação oposta para o medo está fundamentada em tratamentos para transtornos de ansiedade baseados em exposição que são efetivamente comprovados. Isso pode ajudá-lo a lidar com a situação quando você precisa mudar o que está fazendo ou se a intensidade do seu medo está atrapalhando as coisas que você realmente precisa fazer imediatamente. Esta estratégia pode ajudar Keisha a ir ao consultório médico mesmo que seu medo seja compreensível, porém inefetivo.

A ideia é agir de forma totalmente oposta ao impulso de ação que é comum à emoção. O impulso de ação mais típico em resposta ao medo é a evitação. Quando estamos amedrontados, queremos fugir e nos esconder do que sentimos naquele momento. Procuramos alguma forma possível de tentar interromper o que estamos sentindo. Alguns de nós acessam a internet, comem mais, compram mais e/ou usam álcool ou drogas. Algumas vezes atacamos outras pessoas. Podemos nos sentir desesperados para nos distrairmos do que estamos sentindo. O objetivo da ação oposta é ir na direção do que tememos, nos aproximarmos em vez de fugirmos.

Pode ser difícil enfrentar coisas assustadoras, portanto você precisa praticar a ação oposta o mais amplamente possível. A habilidade será mais efetiva se você a combinar com formas de usar seu corpo e pensamentos para sugerir emoções que sejam o oposto da ansiedade.

Sinais Físicos

Postura

Keisha pode dar o máximo de si para se forçar a ir ao médico tentando usar um tom de voz confiante e mantendo a cabeça e os olhos erguidos. Seu objetivo é assumir uma postura corporal assertiva, manter os ombros para trás e relaxados e ficar ereta enquanto se encoraja a entrar no consultório.

Respiração

Lembre-se de que prestar atenção à sua respiração pode ser uma forma valiosa de retomar o foco da atenção e acalmar o corpo regulando os batimentos cardíacos acelerados. Keisha pode considerar uniformizar o ritmo do seu coração inspirando por 6 segundos e expirando por 6 segundos. Uma respiração coerente pode ser efetiva para manejar a ansiedade quando você precisa se acalmar o suficiente para fazer alguma coisa como ir ao médico. O Dr. Richard Brown, autor de *The Healing Power of Breath*, relata que a respiração coerente demonstrou auxiliar qualquer sistema corporal ou cerebral a funcionar no seu melhor nível, lhe dando energia para você entrar em ação efetivamente. Ele recomenda praticar esta habilidade regularmente com a ajuda de um som gravado programado para indicar 6 segundos de inspiração e 6 segundos de expiração, o que pode ser configurado em qualquer aplicativo para respiração disponível comercialmente.

> Para usar respiração coerente:
> - Sente-se ou deite-se confortavelmente.
> - Inspire em um tom e expire no seguinte.
> - Não sinta a necessidade de encher os pulmões completamente ou comprimi-los para expirar.
> - Quando sua mente se desviar, volte a sentir a respiração em seu movimento de entrada e saída do ar através do nariz e garganta.
> - Idealmente pratique 3-5 minutos de cada vez com a frequência necessária.

Toque

Colocar a mão suavemente sobre o peito e abdome enquanto respira também pode ajudar Keisha a se recompor. O apoio físico de um ente querido é uma maneira fabulosa de reduzir medo e estresse. Pesquisas mostram que um abraço de 20 segundos associado a ficar de mãos dadas por 10 minutos pode reduzir sua resposta ao estresse e ansiedade.

Estratégias Cognitivas

Autoinstrução

Fornecer a si mesmo mensagens de encorajamento pode ajudá-lo a dar-se conta da ideia de que você é capaz de manejar e agir efetivamente. É importante que Keisha acredite que ela *consegue* ir até o consultório do médico. Pesquisas mostram que o fator mais importante na determinação da sua resposta à pressão é a visão que você tem da sua habilidade de lidar com ela.

Veja se é possível conversar consigo mesmo como um amigo amoroso e tranquilizador que acredita em você. Tente ser o seu maior incentivador. Algumas pessoas acham útil lembrar-se de outros obstáculos difíceis que conseguiram enfrentar. Lembre-se de que você também tem novas ideias de maneiras para lidar com as situações e encoraje-se a usá-las.

Você pode dizer:

> *O fato de eu estar assustado não significa que não consigo enfrentar a situação.*
>
> *Eu tenho força e coragem, mesmo que pareçam estar escondidas.*
>
> *Encarar o desconhecido é difícil, mas consigo superar isso.*
>
> *Eu gostaria de não ter tido este estresse, mas consigo lidar com a pressão e enfrentar o desafio.*
>
> *Estou aprendendo habilidades que me ajudam a lidar com as situações.*
>
> *O frio na barriga é uma mensagem de que preciso entrar em ação em relação a alguma coisa que é importante para mim.*
>
> *Meu coração acelerado é a forma como meu corpo me dá energia e coragem para fazer frente a este desafio e acessar a minha força.*

É claro que percebemos que em relação à autoinstrução é mais fácil falar do que fazer, portanto mantenha essa habilidade constantemente em prática. Quanto mais você disser a si mesmo que é capaz de lidar, maior será a probabilidade de que realmente consiga fazê-lo. Marsha gosta de dizer que se o vendedor consegue vender coisas, você consegue vender a si mesmo coragem e força. Nós particularmente gostamos muito da sabedoria zen que diz que quando você age como se sempre tivesse tido coragem e força, vai descobrir que realmente tem.

Estratégias Dialéticas

Pensar dialeticamente incluindo a visão dos polos opostos oferece uma perspectiva mais equilibrada. Keisha consegue reconhecer que está assustada e ainda assim tem em mente que a sua apreensão é apenas uma parte de um quadro mais abrangente de si mesma. Sua história completa inclui o oposto do medo, sua coragem. Eu adoro a história sobre o astronauta que diz que coragem não é sobre ignorar o medo, mas fazer o que você precisa fazer mesmo que sinta medo. A bravura de Keisha pode parecer escondida agora. No entanto, sua habilidade para reconhecer que ela realmente tem coragem pode ajudá-la a se afastar da extremidade assustada da sua gangorra e ir para o outro lado de forma que consiga se esforçar e ir até o consultório do médico. Reconhecer tanto o medo quanto a bravura pode ajudá-la a apoiar a crença na sua capacidade de enfrentamento.

Uma perspectiva mais completa sobre o estresse pode ser muito valiosa. Naturalmente ninguém quer estresse. No entanto, uma das maiores concepções errôneas é o julgamento de que o estresse é apenas destrutivo. Na verdade, a história completa sobre o estresse é que ele o ameaça, *mas também* o desafia. Você já notou que quando se sente estressado você trabalha com mais afinco para resolver seus problemas e pode ficar motivado para procurar ajuda? Embora preferíssemos deixar passar a oportunidade, situações estressantes podem ser o que minha irmã gosta de chamar de "outra maldita oportunidade de crescimento".

Pesquisas mostram que uma visão mais completa e mais equilibrada que considere tanto o lado positivo quanto o lado negativo do estresse empodera as pessoas a assumirem o controle sobre a maneira como respondem. Pessoas que veem o desafio e, também, a ameaça do estresse demonstraram ter mais chances de confiar em si mesmas para lidar com a situação e fazer frente ao desafio. Sua resiliência, na verdade, aumenta. Além disso, elas apresentam menos ansiedade, depressão e insônia, bem como mais foco, engajamento, colaboração e produtividade no trabalho. Ainda por cima, os impactos negativos do estresse na saúde podem ser minimizados.

Antecipação

Quanto mais você praticar o manejo do medo, mais confiança terá de que consegue manejar. Com esta habilidade, você ensaia na sua mente como lidar com aquilo que tem medo de fazer. Isso é útil quando você se sente inseguro quanto à sua habilidade para lidar com uma determinada situação. Você faz um plano de como irá manejar a situação e imagina que atitudes irá tomar. Decidir que táticas você pode usar efetivamente o ajuda a perceber que pode haver uma maneira de seguir em frente sem se sentir tão sem controle ou com os olhos vendados pelas suas emoções. Quando você tem um plano para lidar com o desconhecido e com questionamentos do tipo *e se*, terá menos probabilidade de achar que é sua função se preocupar. Você pode ter mais noção de que tem algum domínio sobre a maneira como lida com a situação.

> A habilidade de antecipação tem sido efetiva para muitas pessoas. Os passos a seguir são:
> - Descreva a situação específica que provavelmente provocará estresse.
> - Nomeie a ameaça na situação.
> - Verifique os fatos.
> - Imagine a situação na sua mente o mais vividamente possível.
> - Use o ensaio encoberto para enfrentá-la efetivamente.
> - Pratique relaxamento *depois* do ensaio encoberto.

Vamos imaginar como Keisha poderia praticar a antecipação. A primeira coisa que ela precisa fazer é descrever a situação que desencadeia seu estresse, que é ir ao médico e prever situações difíceis. A seguir, ela nomeia a ameaça que sente. Keisha criou toda uma história sobre quais seriam as notícias e como ela reagiria ansiosamente. Ela achava que seria dito que precisaria de quimioterapia e que perderia o cabelo. Ela temia se sentir tão perturbada que se desmancharia na frente do médico.

É importante ser específico sobre o perigo, já que a percepção de ameaça de uma mesma situação varia entre os indivíduos. Para Keisha, essa ameaça era a perda do cabelo, baseada na sua crença de que isso seria uma indicação do quanto estava gravemente doente. Para outra pessoa, a ameaça de perder o cabelo com a quimioterapia representa uma falta de controle sobre a privacidade da sua doença. Este segundo indivíduo pode achar que a perda do cabelo é um sinal visível de que ele tem câncer. Sem cabelo, ele acha mais provável que as pessoas lhe façam perguntas pessoais. Ainda para uma terceira pessoa, a ameaça é que ela não estará com a sua melhor aparência. Este indivíduo se orgulha da sua atratividade e sua preocupação é que não terá mais uma boa aparência nem será atraente para os outros.

O próximo passo é checar os fatos para ver a probabilidade de que a ameaça prevista realmente aconteça. Keisha tinha muitas suposições e ideias sobre o que o médico diria. Ela achava que a perda do cabelo durante a quimioterapia decorria de estar muito doente pelo câncer. Depois de verificar os fatos, ela percebeu que, entre outras concepções errôneas, estava misturando a preocupação com os efeitos colaterais do tratamento com a preocupação com o curso da doença. O fato é que a perda do cabelo não é uma indicação da agressividade do câncer.

O objetivo de Keisha é usar o maior número possível de detalhes para que possa se imaginar na situação. Ela decide usar suas habilidades para nomear e reconhecer suas emoções. Além de se sentir amedrontada, ela está triste? Com raiva? Constrangida? Ela reconhece que está triste e com raiva por precisar de tratamento. Ela está constrangida por estar com tanto medo.

Keisha também pratica *mindfulness* observando atentamente suas ideias, julgamentos e sensações corporais. Ela ensaia o enfrentamento imaginando os pensamentos inefetivos que poderá ter, tais como: "Não vou ser capaz de enfrentar a situação. Vou entrar em pânico"; "Vou me constranger por ficar tão emotiva na frente do médico"; "Eu sou medrosa".

Ela tenta prever os novos problemas que podem surgir. Ela presta particular atenção a como poderia evitar suas emoções, como por exemplo dizendo: "Vou apenas tirar uma soneca e não vou ao médico. Posso reagendar esta consulta para outro dia quando me sentir mais forte". Ela ensaia perguntar à sua mente sábia se este comportamento é efetivo para ela.

Keisha então decide exatamente as atitudes que poderá tomar e o que poderá dizer. Ela faz uma lista de todas as perguntas que deseja fazer ao médico. Para ajudá-la a entrar em ação, ela se imagina acalmando sua ansiedade na sala de espera, usando respiração coerente e/ou relaxamento muscular pareado e examina os passos a serem dados.

No Capítulo 7, entramos em detalhes sobre técnicas de comunicação efetivas, incluindo o uso de um tom de voz equilibrado. Keisha ensaia algumas destas estratégias. Ela tenta pensar nos questionamentos que deseja levantar caso precise de quimioterapia e perca o cabelo. Ela decide que quer fazer perguntas concretas sobre o manejo da perda do cabelo e abordar suas inquietações sobre as implicações de saúde mais amplas. Ela imagina a quem poderia pedir para acompanhá-la até o médico e que tipo de encorajamento poderia pedir que lhe dessem. Ela fala com pessoas que já perderam o cabelo. Ela pergunta a uma amiga se ela estaria disposta a levá-la para olhar algumas perucas se isso for necessário.

Imaginar uma situação estressante pode ser perturbador, por isso Keisha pratica respiração compassada com uma expiração mais longa para se acalmar. Não esqueça, você pode praticar estes passos assim como Keisha fez.

Habilidades para Tolerar Mal-estar Intenso a Curto Prazo

O que você pode fazer quando se sente amedrontado demais para se manter firme ou usar alguma habilidade e ainda assim precisa enfrentar a situação? Quando sua ansiedade está acima de 80 em uma escala subjetiva de mal-estar de 1-100 e a mente sábia lhe diz que continuar a prestar atenção ao seu medo já não é efetivo para você, pode ser interessante alternar temporariamente o seu foco de atenção. Retirar sua mente do estressor o ajuda a alterar sua fisiologia.

Oferecemos uma variedade de recomendações, já que "pessoas diferentes têm necessidades diferentes". Algumas das ideias já devem fazer parte da inclinação natural da sua mente sábia para cuidar de si. Também sugerimos formas de acalmar suas ideias ansiosas de medo que estão fazendo você perder o sono.

Distração

O objetivo desta vez é fazer coisas para despertar emoções que são o oposto do que você está sentindo. Assista a uma comédia. Encontre-se com seu amigo mais engraçado e menos sério. Cante alguma canção bem alto. Melhor ainda, peça que seu amigo cante com você.

Faça o possível para mergulhar o mais plenamente possível na atividade. As atividades de distração efetivas podem ser muito individuais, portanto, escolha uma atividade que o envolva. Nadar é o meu remédio. Fui direto para a piscina depois de voltar para casa com meu diagnóstico. Outros escolhem exercícios diferentes, embora este possa ser um momento na sua vida em que você muda seu regime de exercícios. Algumas pessoas podem imergir em um quebra-cabeças, focando nas formas, nas cores e nos encaixes das peças. Para outras, música é a chave. Velejar, limpar, criar, construir, levar seu cachorro para caminhar – faça o que funcionar para você. Seja o que você escolher, entregue-se inteiramente à experiência. Embarque nesse veleiro, sinta o vento no rosto, se entregue totalmente a essa experiência e siga repetindo isso uma e outra vez. Pegue uma rota que seja nova para você. Pessoas que convivem com o câncer acham que a leitura pode ter dois aspectos – algumas a consideram envolvente; outras descobrem que têm mais problemas de concentração neste momento.

Você também pode escolher uma estratégia de distração que seja apropriada ao contexto. Na verdade, pode não ser adequado à sua personalidade ou ao momento invadir a sala de espera do seu médico cantando uma canção boba a plenos pulmões. Temos mais opções para você.

Em determinadas ocasiões, os pensamentos de distração funcionam melhor do que as ações de distração. Você pode ocupar sua mente para evitar que ela siga um caminho de preocupação ansiosa. Você pode tentar nomear tudo o que vê e ouve que esteja bem à sua frente. Você pode nomear todas as cores em uma pintura ou uma cena real à sua frente. Você pode nomear texturas e materiais. "O sofá é xadrez. O balcão é feito de fórmica." Ou tente literalmente nomear todos os objetos à sua frente: "A revista *People* está sobre a mesa de centro". Seu objetivo é manter-se no presente, evitar coisas associadas à sua preocupação. Quando sua mente escorregar para a preocupação, volte a nomear.

Algumas pessoas acham que contar as coisas à sua frente é ainda mais efetivo. Considere contar o número de pessoas na sala de espera ou os tijolos na parede. Uma pessoa se saiu bem contando as gotas no cateter intravenoso, muito embora isso estivesse associado à preocupação. Você também pode tentar contar de trás para diante de 100 a 0 para manter a mente ocupada. Para alguns, repetir a letra de uma música é efetivo. Uma mulher cantava "Let It Go" de *Frozen* para si mesma repetidamente!

Outras pessoas acham útil tentar compartimentalizar sua ansiedade. Algumas descrevem que colocam uma parede imaginária ao redor do momento e da forma como se preocupam. Elas tentam reservar determinados horários do dia em que se permitem sentir agonia. Uma pessoa achava útil usar um diário para registrar suas inquietações. A escrita a ajudava a nomear as preocupações e deixá-las de lado. Outra pessoa tinha uma "caixa de fardos" literal onde depositava suas inquietações por escrito e depois a guardava novamente na estante. Alguns gostam de imaginar uma pessoa amada (avô ou avó) ou uma figura espiritual (Jesus, Deus, Buda) guardando seus problemas para eles. Outro homem achou útil simbolicamente encher um jarro d'água com seus problemas e, pelo menos temporariamente, livrar-se deles dando descarga no vaso sanitário.

Insônia

Se você estiver tendo problemas para dormir, não está sozinho. Um estudo relata que até 80% dos pacientes com câncer têm problemas com o sono durante o tratamento. O distúrbio do sono pode se originar da medicação e/ou do estresse e ansiedade. Tome cuidado com os pensamentos no meio da noite, quando as preocupações parecem ser ainda mais catastróficas do que à luz do dia. É importante lembrar que frequentemente esses pensamentos são menos catastróficos pela manhã.

Algumas pessoas descobrem que podem levar até meia hora ou mais para conseguir adormecer. Faça o máximo possível para evitar entrar em pânico pelo fato de não dormir. Embora a ansiedade por não dormir e pelo seu impacto sejam estressantes, a preocupação só perpetua a insônia. Marsha considera muito efetivo contar para conseguir dormir e faz toda a sua família usar essa técnica. O segredo para a estratégia de Marsha é notar sua dúvida sobre a eficácia de contar e seu desejo de desistir, mas continuar contando mesmo assim. Não desista nem decida que simplesmente não consegue dormir.

5
Manejando a tristeza

Se você está se sentindo triste agora, não está sozinho. Ninguém fica feliz ao saber que tem câncer. As pessoas compreensivelmente se sentem tristes se acham que vão perder ou perderam alguma coisa significativa. Você esperaria que outra pessoa na sua situação não se sentisse triste?

Neste capítulo, oferecemos uma perspectiva mais completa sobre a tristeza e consideramos o valor do luto. Examinamos habilidades para ajudá-lo a aceitar suas emoções e apresentamos formas de reduzi-las quando ficarem muito intensas. Introduzimos estratégias de enfrentamento adicionais e maneiras para você se afastar um pouco da tristeza.

Tristeza e Luto com Câncer

Como é de se esperar, se as pessoas sentem que estão perdendo a saúde ou partes do corpo, ou não conseguem participar de atividades que consideram importantes, elas podem se sentir muito tristes. Algumas podem também lamentar a perda de oportunidades futuras ou uma mudança na sua autodefinição. Vamos examinar a história de Maria, que está aflita com a possibilidade de que a cirurgia do câncer também possa afetar a sua fertilidade.

Assim como Maria, muitas pessoas lutam contra a emoção e dizem a si mesmas para não ficarem tristes. O desejo de se manter afastada da tristeza extrema é totalmente compreensível. A tristeza intensa é dolorosa. Algumas pessoas julgam a tristeza como uma fraqueza. Ou podem presumir que, se elas se permitirem chorar, suas emoções intensas nunca irão embora. Elas podem até começar a acreditar que jamais voltarão a ser felizes ou que a infelicidade afastará as pessoas amadas. É claro que acreditar nestas coisas não faz com que elas se tornem verdade.

O fato é que se surgir tristeza profunda, algumas vezes chamada de *luto*, ela não poderá ser evitada. Na realidade, você terá menos probabilidade de permanecer triste se **permitir que a emoção apareça e então permitir que ela passe certificando-se de que você não está mantendo ou intensificando esse estado emocional.** Lembre-se da imagem da palma da mão aberta. Vamos tentar entender esta recomendação.

Muitas pessoas descobriram que o luto as ajuda a reconhecer uma perda e retornar ao funcionamento mais normalmente. O processo de luto envolve aceitar o que aconteceu e prestar atenção à experiência da tragédia, incluindo permitir a tristeza extrema. Reconhecer a emoção é um passo essencial.

A tristeza pode facilitar o luto construtivo. Quando as pessoas estão tristes, elas instintivamente se voltam para dentro. Elas se retiram. Elas desaceleram. Elas fazem um intervalo forçado para reconhecer o que aconteceu e considerar plenamente o que fazer a seguir. Estudos mostram que pessoas tristes se tornam mais autoperceptivas.

A tristeza também pode aprofundar os relacionamentos. Quando as pessoas se sentem tristes, elas parecem tristes; sua aparência desperta simpatia e transmite uma mensagem irrefutável de que conexão e apoio são necessários. Pesquisas mostram que o pesar também ajuda a construir compaixão e empatia. Pessoas tristes algumas vezes se tornam mais ponderadas e menos tendenciosas em suas percepções dos outros.

Por outro lado, o luto é difícil e pode levá-lo para um território vulnerável. Demanda enfrentar bravamente realidades dolorosas. Significa não se afastar de emoções intensas apesar do medo de permanecer triste. Os momentos de desespero de Maria podem se assemelhar à depressão quando ela se sente com raiva, solitária, ansiosa, irritável ou impotente, e também ao sentir alterações no seu sono, energia, apetite ou concentração. No entanto, há diferenças importantes. Quando a reação está limitada ao luto, essas reações semelhantes à depressão podem não durar necessariamente um longo tempo. Apesar dos períodos de tristeza profunda, Maria ainda pode encontrar alguns momentos de felicidade e vitalidade.

De fato, a depressão constante é menos provável quando se permite que as emoções de tristeza venham e vão naturalmente. Na verdade, há maneiras de aceitar que a tristeza surgiu e também deixá-la passar no seu próprio tempo. Vamos examinar como Maria tenta estar consciente para ver se está se apegando ou alimentando a tristeza.

Observar para Avaliar e Controlar a Tristeza

Muitas das estratégias já apresentadas são bastante valiosas para apoiar o luto construtivo e reduzir a tristeza não construtiva. Elas não são como uma varinha de condão que sempre elimina a tristeza intensa, mas podem ajudar a minimizar essa emoção. Estudos mostram que pessoas que usam habilidades de *mindfulness* frequentemente avançam mais rápido pelos estágios iniciais do luto e demonstram reduções significativas na depressão e ansiedade.

Embora seja mais fácil falar do que fazer, uma pausa para prestar atenção à sua experiência pode ajudar Maria a avaliar e manejar seu sofrimento. Assegurar-se de que a intensidade da sua emoção faz sentido e notar a distinção entre permitir sua tristeza e aumentá-la pode ajudá-la a decidir se será benéfico tentar reduzir sua tristeza.

> Os passos ideais para reduzir a tristeza são:
> - Reconheça a perda fazendo uma pausa para observar.
>   - Permita e nomeie a emoção.
>   - Detecte onde e como a emoção se expressa no seu corpo.
>   - Note os pensamentos.
> - Verifique os fatos.
> - Use as estratégias dialéticas.
> - Questione a mente sábia.

Maria se sente sobrecarregada pela perspectiva de parar para intencionalmente notar sua experiência. Pensar na realidade da sua vida neste momento parece intolerável. Ela gostaria que houvesse uma maneira de contornar suas emoções que são inevitáveis. Ela não quer reconhecer uma verdade que pode provocar uma tristeza insuportável. Este processo realmente será útil? Ela se preocupa que o desespero possa assumir o controle.

Por outro lado, já lhe foi dito que o fato de se recusar a reconhecer a verdade da sua situação e como se sente a respeito pode mantê-la presa à infelicidade e outras emoções dolorosas. Ela não sabe ao certo se vai conseguir dar todos estes passos, mas percebe que quanto maior a frequência com que faz isso, melhor a probabilidade de ficar bem.

Note e Nomeie as Emoções

Como Maria não consegue interromper suas emoções, ela decide que pode muito bem tentar controlá-las reconhecendo-as. Tendo em mente "nomear para domar" (Capítulo 4), ela lembra que rotular as emoções diminui sua intensidade. Relutantemente, ela tenta dar o melhor de si para permitir e reconhecer suas emoções perturbadoras.

Não é fácil para Maria descobrir o que está sentindo. Como não é incomum, a tristeza de Maria é inicialmente bloqueada pela raiva. Ela só reconhece sua melancolia e angústia depois que a raiva passa.

A lista de algumas das palavras mais comuns usadas para identificar a tristeza é um guia útil para ajudar Maria a reconhecer e nomear essa emoção.

Abandono	Desconexão	Luto
Abatimento	Descontentamento	Mágoa
Aflição	Desespero	Melancolia
Agonia	Desgosto	Nostalgia
Alienação	Desprazer	Opressão
Angústia	Dor	Pena
Decepção	Escuridão	Pesar
Depressão	Estresse	Rejeição
Derrota	Infelicidade	Sofrimento
Desalento	Insegurança	Solidão
Desânimo	Isolamento	

Preste Atenção às Sensações Corporais

Maria também pode reconhecer a tristeza notando como ela se expressa em seu corpo. "O luto é registrado em nossos nervos e músculos", disse Francis Weller em *The Wild Edge of Sorrow*. "É uma sensação difícil, como se uma grande carga tivesse sido colocada sobre seu peito ou um peso tivesse penetrado seus ossos. Conhecemos o luto pela experiência de senti-lo; ele é tangível. É aqui, em nossos suspiros e sensações corporais, que encontramos o terreno para a tristeza."

A tristeza pode diminuir o funcionamento fisiológico. Algumas pessoas ficam mais letárgicas. Seu ritmo cardíaco diminui. Sua postura física pode ficar mais caída. Elas falam mais lentamente.

Quando Maria pausa para prestar atenção, ela está consciente da sensação de peso e vazio em seu peito. Ela tenta notar as sensações por trás dos olhos, ombros, abdome e garganta. Ela tenta observar se o rosto está caído, se as sobrancelhas estão arqueadas ou se os olhos estão fitando o chão. Ela vê que seu maxilar está tenso e percebe que o lábio inferior está distendido, formando um beiço. Ela está soluçando. Ela nota que está falando em voz baixa, lenta e monótona. Ela está consciente do quanto se sente letárgica. Ela reconhece que está decaindo. Ela tenta detectar se sua tristeza perturbou seu apetite, digestão ou sono.

Note Pensamentos Que Podem Aumentar a Tristeza

Quando estão tristes, as pessoas podem fazer julgamentos e suposições negativas sobre si mesmas, sobre suas estratégias de enfrentamento e seus relacionamentos. Algumas até concluem que merecem o que aconteceu, o que, é claro, raramente é verdadeiro. Autojulgamentos desfavoráveis, culpa e ruminação de pensamentos só aumentam seu sofrimento.

Maria sempre se viu como uma mulher atraente, realizada, competente e com um plano de ter filhos no futuro. Agora ela questiona se ainda será atraente caso perca o cabelo durante o tratamento. Ela será menos mulher se seus ovários forem removidos? Ela ainda poderá ter filhos biológicos? Ela agora é defeituosa?

Ela imagina que os outros têm ou devem ter pena dela. Ela julga seu luto intenso como autoindulgência e começa a se referir a si mesma como "Debbie Downer",* uma pessoa que mesmo ela quer evitar. Ela começa a achar que Debbie Downer é sua nova identidade permanente. Ela está tendo tanta dificuldade para tolerar suas próprias sensações de desânimo que presume que as outras pessoas também não conseguirão tolerar essa dor e se afastarão. Ela considera guardar suas emoções para si, mas a ideia só intensifica seu sentimento de isolamento.

Verifique os Fatos

A seguir, Maria tenta reunir mais informações para se certificar de que suas suposições sobre os fatos e as emoções estão corretas. Ela que ter certeza de que não está se entristecendo com ideias julgadoras não baseadas em fatos sobre si mesma, suas estratégias de enfrentamento ou suas interações

---

* N. de T.: Debbie Downer é uma personagem fictícia pessimista e desmancha-prazeres integrante do programa *Saturday Night Live*.

com os outros. Ela está interpretando errado os fatos médicos, acreditando em pressupostos sem base em fatos ou sofrendo por possibilidades que podem nem mesmo acontecer?

Verificar os fatos pode ajudar Maria a avaliar se existem tantas ameaças quanto ela imagina. Ela está pressupondo que não será capaz de enfrentar as situações, que seus relacionamentos serão comprometidos pela sua aparência ou tristeza e que nunca poderá ter filhos. Não está claro se algumas destas suposições são acuradas. Ela busca entender se a sua realidade médica é que ela realmente tenha perdido a possibilidade de ter filhos quando e como planejou. Ela tenta verificar se congelar seus óvulos e ter uma gravidez posteriormente é uma possibilidade para ela.

Estratégias Dialéticas

Maria usa estratégias dialéticas para lembrar que **a tristeza faz parte de um quadro maior que abrange diferentes formas de enxergar as situações, incluindo a presença de verdades que sejam contraditórias ao mesmo tempo**. Ela tenta ter em mente a metáfora de um balanço, lembrando que quando há movimento entre os dois lados da história completa, é menor a probabilidade de ficarmos estagnados em desespero. Ela tenta lembrar que, embora os momentos de alegria pareçam estar escondidos neste instante, a vida inclui momentos de profunda tristeza *e* profunda alegria.

Embora não seja fácil, ela faz o melhor possível para adotar uma perspectiva equilibrada e evita ver as coisas de forma extrema, como preto ou branco. Ela pondera se a história mais completa de si mesma inclui lados que ela agora está ignorando. Ela é mais capaz de enfrentar as situações do que pensa? Ter filhos em um momento ou de uma forma diferente do que esperava ou imaginava na verdade significa que ela é anormal ou sem valor? Essa realidade é sua única característica definidora? Ela tenta ter uma perspectiva mais completa em mente, reconhecendo que diferente não significa anormal ou sem valor.

Mente Sábia

Maria **pergunta à sua mente sábia se a intensidade da sua emoção é benéfica para ela ou se quer fazer mudanças para reduzir sua tristeza**. Ela consegue manter um equilíbrio construtivo entre negar sua tristeza e deixar que essa emoção assuma o controle? Ela não quer invalidar seu luto, o qual é totalmente compreensível. No entanto, sua nova realidade médica e emoções intensas não têm que defini-la. Ela presumiu improdutivamente que jamais será feliz de novo? Ela está restringindo sua perspectiva e desconsiderando as partes positivas de si mesma e da sua vida que podem lhe trazer felicidade? Ela lembra a si mesma de fazer o máximo para assumir uma visão mais ampla que possa ajudá-la a ter uma perspectiva mais equilibrada com a mente sábia. Ela reconhece que sua tristeza faz sentido, mas pode estar mais triste do que seria benéfico para ela. Ela decide tentar reduzir a intensidade das suas emoções. Vamos examinar algumas maneiras que outras pessoas acham úteis e que ela pode cogitar utilizar.

Ação Oposta para Tristeza

Com esta estratégia, você faz o melhor possível para **tentar pensar e agir de formas que sejam o oposto da tendência a se afastar dos outros, ficando desamparado e sem esperança, desistindo de pensar, fazer ou promover coisas que podem levá-lo a se sentir melhor.** O objetivo é **equilibrar estas inclinações improdutivas** construindo emoções e experiências agradáveis e otimistas. As pessoas descobriram que esta abordagem as ajuda a se afastarem de um declínio físico e/ou emocional colocando ênfase e peso no lado oposto da extremidade pessimista e infeliz da balança. Embora seja mais fácil falar do que fazer, a ideia é gerar uma mudança no circuito de *feedback* negativo pensando, agindo e/ou sinalizando seu corpo de uma maneira diferente do que a tristeza faz.

Queremos deixar claro aqui que não estamos simplesmente sugerindo que você "seja positivo". Prescrições bem-intencionadas para "pensar e agir positivo" podem inadvertidamente banalizar o luto e o sofrimento. É natural que você se sinta triste ou pense que a vida não será da forma que você quer e precisa neste momento.

Por outro lado, a visão mais completa também inclui partes positivas. Você está vivo. O sol ainda brilha. As pessoas se importam com você. Ruminar sobre a situação infeliz no momento sem também trazer à mente pensamentos otimistas ou fazer coisas prazerosas pode deixá-lo em desequilíbrio. As partes felizes da vida e os sinais de encorajamento podem facilmente passar despercebidos.

Reequilibrar-se não é fácil. O viés de negatividade pende o peso para o lado pessimista, e os pensamentos negativos grudam como velcro. Você está fazendo o melhor que pode. Mas também tem a opção de tentar fazer mudanças para recuperar o equilíbrio. Estudos mostram que o esforço pode valer a pena. Uma perspectiva mais completa e equilibrada estimula a resiliência.

Ainda por cima, construir emoções positivas pode reduzir a probabilidade de depressão e fortalece o sistema imunológico.

Vamos considerar quais mudanças em seus pensamentos, seu corpo e/ou suas ações podem colocar mais peso no outro lado da balança, de modo que você não fique mais tão triste. Apresentamos muitas opções. Escolha aquelas que parecerem boas para você e não se critique se não estiver fazendo todas elas.

Pensamentos Positivos

Você consegue tentar prestar atenção para ver se está esquecendo ou ignorando alguma coisa positiva? É possível recordar lembranças agradáveis? Às vezes as pessoas têm medo de ser otimistas e desconsideram indicações encorajadoras. Você está ignorando sinais positivos que poderiam lhe dar esperança? Examine como você está tentando melhorar seu enfrentamento.

Autoinstrução

Muitos acham valioso usar pensamentos encorajadores para os ajudar a acreditarem em si mesmos e nas suas habilidades de enfrentamento. Veja se você consegue fazer para si mesmo uma autoinstrução animadora e apoiadora para ajudá-lo a parar de pensar que não consegue lidar com o que está acontecendo e que não consegue fazer mudanças. Você pode dizer:

> *Eu consigo enfrentar, mesmo que me preocupe que não vá conseguir.*
>
> *Minha tristeza é compreensível, e é improvável que eu fique assim tão triste para sempre.*
>
> *Posso dar o melhor de mim não só para prestar atenção ao que me deixa triste, mas também para tentar notar as partes positivas da minha vida.*
>
> *Sou capaz de fazer um esforço para usar algumas estratégias de enfrentamento úteis. Ainda mais importante, posso me dar o crédito pela forma como estou me esforçando para tentar sem desistir.*

Marsha adora particularmente esta última e pessoalmente acha que se dar o crédito por não desistir é extremamente útil.

Você terá que repetir estas coisas inúmeras vezes. No entanto, quando as expressar muito frequentemente, começará a acreditar nelas, a se sentir melhor e a fazer alguma coisa de forma diferente.

Gratidão

Nas palavras de Francis Weller, "Possivelmente não podemos enfrentar os horrores... com algum senso de equilíbrio sem também nos lembrarmos da beleza do mundo – as flores de ameixa e a exuberância da mostarda. Precisamos juntar luto e gratidão de uma maneira que nos encoraje a permanecermos abertos para a vida".

Quando você se sente tão sem sorte, pode parecer demais pedir que também tenha em mente e valorize momentos positivos e pessoas otimistas. Por outro lado, pesquisas mostram que ao menos tentar reconhecer alguma dádiva pode valer a pena para você. Em um estudo, os pacientes que fizeram uma lista semanal de cinco coisas pelas quais são gratos se sentiram significativamente mais felizes e relataram menos problemas de saúde do que os grupos que focaram em aborrecimentos ou apenas escreveram sobre eventos comuns. Um homem me disse que, se ignorasse as coisas boas na vida, passava o dia inteiro infeliz e ficava com a impressão de ter perdido o dia. Ele decidiu que muito pouco é melhor do que nada, mesmo que fosse apenas 5% do dia.

Você está aberto para decidir fazer uma pausa e se certificar de que não deixou passar aquele lindo pôr do sol? Você consegue reservar um momento para reconhecer o apoio carinhoso das pessoas que estão tentando ajudá-lo – um médico, enfermeiro ou familiar prestativo? Você tem consciência de como se sente quando alguém faz algum esforço especial por você? Esse homem achou importante não deixar passar despercebida a atenção extra que ofereciam para seu conforto no centro de quimioterapia. Ele fez um esforço para notar os lanches cuidadosamente pensados e as cobertas acolhedoras.

Embora possa parecer difícil, seria possível também prestar atenção e valorizar coisas positivas que ainda fazem parte da sua vida? Dinesh, o jovem apresentado no Capítulo 1, disse que pensar no quanto as coisas poderiam ser muito piores o deixava grato pelo que conservava. Ele se deu conta do quanto se sentia com sorte por ter cabelo após terem lhe dito que acabaria careca devido à quimioterapia.

Certifique-se de não se criticar quando sua mente naturalmente se desviar para o negativo. Aqueles julgamentos inevitáveis surgirão. Talvez você até mesmo se questione se merece alguma coisa positiva ou se preocupa se irão esperar muito mais de você caso se sinta mais feliz. Faça o melhor possível para lembrar do quanto suas emoções são naturais e retome o foco da sua atenção para também incluir pensamentos positivos.

Sugestões de Intervenções Corporais para a Mudança Emocional

Há diversas mudanças físicas que você pode fazer para se sentir de forma diferente. A ideia aqui é impulsionar seu nível de energia, sua postura, fala e/ou frequência cardíaca. **Tudo o que você está considerando deve ser examinado primeiro com seu médico.**

Exercício Físico

Discuta com seu médico se existe uma forma segura de aumentar a sua frequência cardíaca.

Respiração

Muitas pessoas descobriram que sua respiração é uma ferramenta valiosa para se energizarem. Procure tentar uma estratégia respiratória denominada **respiração Ha**, descrita pelo Dr. Richard Brown, autor de *The Healing Power of Breath*:

- Faça o seu melhor para energizar sua mente e corpo.
- Fique em pé, ereto, cotovelos dobrados, palmas das mãos voltadas para cima.
- Enquanto inspira, recue os cotovelos para trás de você, com as palmas das mãos ainda voltadas para cima.
- Então expire rapidamente e empurre as palmas para frente, virando-as para baixo enquanto diz "Ha" em voz alta.
- Repita rapidamente 15 a 20 vezes.
- Descanse por 30 segundos notando as mudanças em seu corpo, nos pensamentos e na respiração.
- Repita para obter mais energia.

Postura

Veja se é possível ficar em uma posição corporal positiva, usando uma postura "radiante", com a cabeça erguida, olhos abertos e ombros para trás, falando com uma voz animada. Você pode até tentar voltar um pouco para cima os cantos da boca em um meio-sorriso.

Sensações Prazerosas

Seu corpo também pode ser uma fonte maravilhosa de prazer. Considere as formas como seus cinco sentidos podem ajudá-lo a mudar seu humor.

Paladar: Coma ou beba algumas das suas coisas favoritas. Que tal uma prova especial de algo que você goste de comer ou beber – suco de frutas fresco, bolos ou doces preferidos da sua infância?

Visão: Você sente um prazer particular ao ver alguma coisa bonita? Talvez observar crianças ou animais brincando lhe proporcione muita alegria. Acolha o esplendor da natureza. Não deixe de perceber um céu azul luminoso. Aprecie uma obra de arte agradável. Desfrute daquela apresentação de dança.

Tato: Seria prazeroso para você se enrolar em um cobertor ou aplicar uma loção cremosa no corpo? Talvez um banho quente ou uma massagem lhe traga prazer. Talvez o vento no rosto ou abraçar alguém lhe traga mais felicidade.

Audição: Considere ouvir ou tocar uma música revigorante. Os sons da natureza ou de crianças alegres são particularmente animadores para você?

Olfato: Você gosta do aroma de certos alimentos? Talvez o aroma de uma vela perfumada, incenso ou uma colônia especial ou loção pós-barba seja especialmente atrativo. Os aromas frescos da natureza são mais agradáveis para você?

Faça o que for mais agradável para você!

Ações

Uma das melhores maneiras de reequilibrar as suas emoções é diminuir o comportamento que o deixa mais triste e aumentar o comportamento que o deixa mais feliz. Mesmo que você tenha que se convencer disso, esforce-se ao máximo para *fazer* coisas mais agradáveis.

Atividades Prazerosas

Pode não ser fácil, mas veja se consegue reservar um tempo para fazer pelo menos uma coisa por dia que lhe traga prazer. Quanto mais prazerosa for a atividade, mais ela o afastará da tristeza. Pode ser qualquer atividade prazerosa como passar um tempo com alguém especial. Faça o melhor possível para se manter aberto aos outros e os informe que a conexão é importante para você. Saboreie até mesmo os mínimos acontecimentos cotidianos.

Riso

Embora rir possa parecer fora de contexto quando você se sente tão deprimido, o humor pode ser uma forma incrível de contrabalançar a tristeza. A sabedoria desta estratégia é expressa no sábio ditado "Rir é o melhor remédio". O humor ajuda a tornar o luto suportável e foi relatado que estimula o estado de ânimo, fortalece o funcionamento do sistema imunológico, diminui a dor e protege contra os efeitos prejudiciais do estresse. Riso e sorriso sinceros são contagiosos e encorajam conexões mais agradáveis com os outros. Pesquisas mostram que fazer um gracejo quando as coisas não vão bem melhora o enfrentamento a longo prazo. Quanto mais as pessoas enlutadas riam e sorriam nos primeiros meses de uma perda, melhor era sua saúde mental durante os dois anos seguintes.

Eu gostaria de ter tido uma atitude mais leve no começo do meu tratamento. Levou algum tempo para que eu percebesse que fazer brincadeiras não negava necessariamente a seriedade da minha situação. Uma amiga me ensinou como sua "histeria alegre" ao cogitar um moicano cor-de-laranja na loja de perucas reduziu sua sensação de desamparo e desespero em relação à queda do seu cabelo. Dinesh me disse: "Eu quero e preciso agradecer a Jon Stewart por me ajudar a passar pelo câncer". Ele passou todos os dias assistindo *The Daily Show*, todos os episódios de *30 Rock* e todas as outras comédias que encontrasse pela frente. Outro homem descreveu o quanto foi útil para ele a comédia pastelão *O Gordo e o Magro*.

Como você pode trazer humor para a sua vida? Conte piadas; assista a filmes de comédia. Peça às pessoas à sua volta ou *on-line* para ajudá-lo a encontrar piadas ou memes. Procure sair com pessoas que têm um bom senso de humor – mesmo que algumas vezes tenha que lhes dizer que certas brincadeiras não são úteis para você.

Construir Maestria

Atividades que aumentam sua crença de que você ainda é competente e tem a capacidade de controlar a própria vida também podem ser uma forma de ajudá-lo a se sentir menos desamparado e sem esperança. Você pode não conseguir fazer todas as coisas como sempre fez, mas isso não significa que não possa fazer nada. Esforce-se ao máximo para evitar dizer a si mesmo que você está impotente e não consegue fazer nada. Se você consegue abrir os olhos, então pode fazer alguma coisa. Por mais difícil que possa parecer, a construção de maestria demonstrou aumentar a resistência ao estado depressivo.

Esforce-se para usar a autoinstrução para se encorajar a tentar fazer coisas que façam com que se sinta mais capaz e autoconfiante. Achamos útil planejar fazer pelo menos uma coisa todos os dias para construir um sentimento de realização. Tente alguma coisa desafiadora, mas não absurdamente fora de questão.

Planeje-se para o sucesso, não para o fracasso. Gradualmente aumente a dificuldade com o passar do tempo. Se a primeira tarefa for difícil, faça alguma coisa um pouco mais fácil na próxima vez. Se o desafio for muito fácil, tente algo um pouco mais difícil na próxima vez. Pode ser um novo desafio a cada dia ou uma série de tarefas que o ajudem a desenvolver habilidades em uma área nova.

Dinesh decidiu aperfeiçoar suas habilidades culinárias durante um período em que esteve muito doente para ir à faculdade. Um dia ele aprendeu como picar cebola. Outro dia tentou fazer ovo pochê. Ele desenvolveu um senso de competência e aprendeu a preparar os alimentos ricos em proteínas que precisava para melhorar a sua força. A culinária se transformou em uma das coisas mais significativas que já havia feito.

Fazer um Diário

Outra atividade que muitas pessoas acharam valiosas é manter um diário. Algumas disseram que escrever sobre uma experiência de perda ajuda a nomear e processar emoções intensas. Pacientes com câncer cuja escrita inclui aspectos positivos tiveram menos relatos de sintomas físicos e menos consultas médicas. Estudos adicionais mostram que a forma de escrever sobre experiências satisfatórias estimula o humor positivo.

Contribuir

Ainda outra maneira de equilibrar a tristeza é fazer coisas pelos outros. De fato, diversos estudos mostraram que quanto mais as pessoas ajudam outras pessoas, menos deprimidas se sentem.

Dinesh, o *chef* iniciante, começou a receber convidados para jantar. Seu *hobby* se transformou em uma forma de se conectar e retribuir aos amigos que o estavam apoiando. Uma mulher usou o bordado de uma maneira muito parecida. Seu trabalho se tornou um veículo importante para criar coisas duradouras para as pessoas de quem gostava. Outro homem disse que seus dias eram bons quando ele fazia alguma coisa divertida, aprendia alguma coisa ou ajudava outra pessoa. Nem todos podem ser voluntários no banco de alimentos como ele. Mas você pode aproximar-se ou ajudar alguém, fazer algo atencioso ou doar alguma coisa. Algumas pessoas consideram que apoiar pacientes como elas beneficia a ambos.

A seguir, abordamos o manejo da raiva.

6
Manejando a raiva

> *Qualquer um pode sentir raiva – isso é fácil,*
> *mas sentir raiva pela pessoa certa, na medida certa e na hora certa,*
> *pelo motivo certo e da maneira certa... não é fácil.*
> **ARISTÓTELES**

Como já vimos, as pessoas respondem ao câncer de muitas formas diferentes. Ter consciência das nossas próprias reações é fundamental. Se você nota que sente raiva, não está sozinho.

A raiva que você sente é construtiva? Suas emoções permitem que você ou os outros saibam que existe um problema? Talvez sua raiva expresse a frustração por estar com dor física e/ou emocional. A emoção o motiva a cuidar de si ou o ajuda a conseguir o que você precisa? Ela o ajuda a evitar outras emoções desconfortáveis, a sentir-se menos vulnerável ou a minimizar a autocrítica?

Talvez você se preocupe que sua raiva possa ser destrutiva. Você se critica por suas emoções? Você está preocupado que sua emoção fique fora de controle ou prejudique os relacionamentos? Você quer reduzir a raiva que sente?

Lembre-se de que as emoções **não** são necessariamente construtivas *ou* destrutivas. A raiva pode variar em intensidade desde uma leve irritação até ira e fúria. Algumas vezes, dependendo da intensidade, a raiva pode ser útil. Por outro lado, uma raiva excessivamente intensa pode ser prejudicial. **O ideal é responder a uma situação para se proteger ou lutar contra uma injustiça de um modo que não prejudique os relacionamentos ou a forma como você se sente sobre si mesmo.**

Este capítulo examina habilidades para ajudá-lo a identificar o que você está sentindo e levar em consideração se a expressão da sua emoção neste momento é efetiva para você. Apresentamos a habilidade **STOP**, tornando a enfatizar uma distinção entre sentir uma emoção e se comportar com base nela. Oferecemos técnicas que incluem autoinstrução sensível para reduzir a raiva inefetiva e introduzimos estratégias de **autoacalmar-se para ajudá-lo a tolerar a dor e outras situações estressantes**. De fato, há muitas formas possíveis de passar por essas situações difíceis.

Entendendo Raiva e Câncer

O câncer pode ameaçar a sua vida. Lembre-se de que quando seu corpo percebe uma ameaça, pode ser desencadeada uma resposta do tipo lutar-fugir-congelar. A resposta contundente do seu corpo à percepção de um grave perigo também pode desencadear uma emoção muito intensa.

A emoção intensa pode ter sido adaptativa para impelir o homem das cavernas a combater um leão que o está atacando. Mas nos dias de hoje, não fica claro contra o que ou quem você deve lutar para se proteger do câncer. Indignar-se com as limitações dos prestadores de assistência à saúde ou com a medicina moderna pode não ajudar a garantir a sua segurança. Ficar amargurado com um mundo injusto ou culpar os profissionais, pessoas amadas ou a si mesmo pode parecer que oferece um senso de controle ou parece responder às perguntas "Por quê?" ou "Por que eu?". No entanto, a explicação pode ter um certo custo. Hostilidade intensa pode colocar em perigo relacionamentos ou deixar você se sentindo sem controle ou envergonhado. Ocasionalmente, a raiva pode impactar o sistema imunológico ou piorar a dor.

A raiva também pode ser uma reação ao estresse de ter que suportar as perdas e a dor física e/ou emocional que podem acompanhar o câncer. Múltiplos estudos relatam uma ligação entre raiva, animosidade com os outros ou consigo mesmo e dor. Talvez você esteja com raiva por não obter o alívio ou o entendimento que acha que precisa. Algumas vezes os outros são responsáveis. Outras vezes você pode estar enfrentando a realidade frustrante de que as coisas não podem ser mudadas tão rapidamente quanto você quer ou precisa.

Vamos dar uma olhada em como usar uma nova habilidade denominada STOP e algumas estratégias que você já conhece para ajudá-lo a manejar a raiva efetivamente.

A Habilidade STOP

Esta estratégia é um primeiro passo valioso quando você está com raiva. O objetivo **é pausar para lembrar de uma distinção valiosa entre sentir uma emoção e necessariamente atuá-la**. Sua primeira inclinação nem sempre é a mais construtiva.

> **S (*Stop*): Pare** e tente não agir de acordo com seus sentimentos sem pensar.
>
> **T (*Try*): Tente** respirar profundamente e espere um momento antes de reagir.
>
> **O (*Observe*): Observe** seu corpo e pensamentos notando o máximo possível a situação completa. Veja se consegue ter consciência do que está acontecendo tanto dentro de você quanto à sua volta.
>
> **P (*Proceed*): Prossiga** em *mindfulness* perguntando à mente sábia se é útil expressar suas emoções neste momento.

Faça o melhor que puder sem criticar a si mesmo. Falar é mais fácil do que fazer.

Preste Atenção ao Seu Corpo

A letra O de STOP é observar. Veja se consegue notar onde e como a raiva se expressa em seu corpo. O item *lutar* na resposta de lutar-fugir-congelar pode ter preparado seu corpo para entrar em ação. Você está com o coração acelerado? Sua face está ruborizada ou quente? Você nota os músculos contraídos? Você está cerrando os dentes ou as mãos? Franzindo as sobrancelhas? Algumas pessoas sorriem ironicamente ou choram quando estão com raiva. Você tem consciência do impulso de ação de explodir, golpear alguma coisa, machucar alguém ou enviar um *e-mail* irado?

Note Suas Emoções

A seguir, veja se consegue prestar atenção a suas emoções. Sua raiva pode algumas vezes se parecer com a estática no rádio. Quando você sintoniza, consegue ter mais clareza sobre a sua experiência.

Pode parecer que todos nós temos plena consciência de quando estamos com raiva. No entanto, às vezes alguns pacientes com dor crônica têm dificuldade para reconhecer suas emoções. Ter consciência de algum grau de raiva pode ser um sinal importante de que alguma coisa está errada e existe a necessidade de cuidar de si. Quando você ignora as emoções, a dor que sente, às vezes, pode ser mais intensa, você pode ficar mais abalado ou seus relacionamentos podem ficar comprometidos.

Mindfulness pode ajudá-lo a considerar se a sua reação é mais forte do que o necessário ou se você está se apegando a emoções que não são efetivas. Quando você tem consciência da própria experiência, tem menos chance de deslocar sua raiva para alguém ou algo que não tenha nada a ver com a resposta emocional ou improdutivamente intensificá-la. Você tem a chance de ver se seu incômodo é uma resposta ao que alguém fez ou não fez ou se você está abalado por ter que suportar uma situação tão estressante.

Identifique Sua Emoção

A raiva pode ser rotulada de muitas maneiras diferentes. Pode ser útil conhecer algumas das palavras mais comumente usadas para identificar esta emoção. Quais os rótulos que melhor descrevem como você está se sentindo?

Aborrecido	Furioso	Raivoso
Agitado	Hostil	Ranzinza
Amargo	Indignado	Ultrajado
Exasperado	Irado	Vingativo
Feroz	Irritado	
Frustrado	Mau-humorado	

Lembre-se do lema: "Nomear para domar!". Colocar um nome em uma experiência ajuda a acalmar a emoção.

Tenha Consciência dos Seus Pensamentos

Veja se consegue ter em mente que "as emoções se amam" e que seus pensamentos podem alimentar ainda mais a sua raiva. Um estudo constatou que a mera previsão de dor foi suficiente para provocar raiva em indivíduos sadios. Apegar-se ou alimentar a irritação pode nutrir sentimentos de ira e fúria. Procure se lembrar de que, cada vez que você identificar um pensamento de raiva, estará conscientemente se treinando para não permanecer com estes pensamentos.

Veja se é possível prestar atenção aos seus julgamentos e suposições. Você consegue notar se restringiu sua atenção focando especificamente nas injustiças? Você está pensando em quão injusta é a sua situação? Você diz a si mesmo que a vida "deveria ser" diferente? Você está ruminando sobre a situação original que desencadeou a sua raiva ou, ainda, recordando outras coisas mais que deram errado no passado?

Tente prestar atenção se você está se julgando por sentir-se agitado. Uma jovem mãe com muita dor se criticava muito por se sentir impaciente com os filhos. Você pressupõe que a raiva em qualquer intensidade é destrutiva? Eu me criticava pelo fato de concordar com a minha indignação em relação às reações de algumas pessoas ao meu câncer. Eu pressupunha que uma pessoa "mais evoluída" não ficaria tão incomodada ou presunçosa como eu fiquei. Você já se sentiu assim?

Talvez você note que está preocupado porque, se reconhecer alguma forma de raiva, automaticamente irá agir de acordo com ela. Uma mulher se preocupava que, se admitisse sua ira, isso mudaria quem ela era no mundo e como se sentia sobre si mesma. Ela disse: "Eu fui criada para ser uma dama e grata, mas isso é uma droga. Sei que não é culpa de ninguém, mas não estou feliz por estar tão cansada. Não quero ter uma atitude negativa de raiva, mas é exasperante que as pessoas não entendam o quanto isso é incrivelmente difícil para mim".

Verifique os Fatos

Tente examinar suas suposições e verifique os fatos para ver se você pode estar intensificando suas emoções. **Pensamentos relativos a culpa podem empoderar a raiva.** Você está atribuindo a si mesmo, a outra pessoa ou a algo a responsabilidade pelas coisas que não estão sob o controle de ninguém?

Mente Sábia

Faça o máximo para pausar e perguntar à mente sábia se a intensidade da raiva faz sentido nesta situação. Você consegue manter um equilíbrio construtivo entre reconhecer a mensagem para cuidar de si e apegar-se a essas emoções mesmo que elas possam ser inefetivas? Sua emoção é efetiva para ajudá-lo a se expressar? A intensidade da sua raiva está o atrapalhando? Você consegue examinar os prós e contras da maneira como está enfrentando a situação? Um homem disse que a raiva que sentia do seu médico o fazia se sentir mais forte e o brindava com um "vilão" que o motivava a trabalhar com mais afinco. Ele também considerou se valia a pena comprometer um relacionamento importante em troca de não se sentir tão vulnerável. Tive que me perguntar se minha indignação era útil ou se compensava o meu autojulgamento crítico.

Uma mente sábia não vê as coisas de um jeito *ou* de outro. É possível que as emoções deste homem, assim como as minhas, tenham surgido por motivos compreensíveis, que nossas críticas fizessem sentido *e* também que poderíamos tentar reduzir nossa raiva. Podemos encontrar um meio-termo entre ficar em silêncio e atacar? Nossa meta é nos cuidarmos *e* reduzirmos a emoção. De fato, no Capítulo 7 oferecemos formas de afirmar suas necessidades *e* proteger seus relacionamentos.

Vamos examinar uma maneira de reduzir a intensidade das emoções que podem não ser efetivas para você neste momento.

Ação Oposta para Raiva

O objetivo desta estratégia é agir de forma oposta aos impulsos de ação característicos da raiva: ser agressivo, excessivamente crítico e alienante. Você tenta ao máximo ser um pouco mais gentil quando expressa preocupações.

Quando está com raiva, você muitas vezes está fisiologicamente excitado, tenso e pode ter pensamentos indignados. Fazer mudanças em seu corpo e pensamentos pode ajudar a reequilibrar o circuito de *feedback* da emoção, minimizando o impulso de ser demasiadamente hostil.

Sugestões de Intervenções Corporais para a Mudança Emocional

Como com toda estratégia que envolva aspectos físicos, verifique com seu médico primeiro. Com aprovação médica, você pode tentar **reduzir sua excitação física modificando sua respiração, tensão corporal e/ou temperatura**. A **respiração compassada** (veja a página 45) pode ser usada para modificar sua respiração. Lembre-se de que esta habilidade pode reduzir seu nível de excitação e promover calma. Relaxar pode ajudá-lo a se sentir menos incomodado.

O **relaxamento muscular pareado** (veja a página 45) também é uma maneira excelente de reduzir a tensão física e promover calma.

Além disso, o **exercício físico** pode ajudá-lo a se acalmar quando você estiver ativado pela emoção. Entretanto, pode não ser hora na sua vida para exercícios intensos. Pergunte ao seu médico se existe uma forma segura de você queimar energia acumulada. Se sua situação permitir, até mesmo uma caminhada leve algumas vezes pode ajudá-lo a sentir e pensar de modo diferente.

A técnica a seguir para baixar a **temperatura corporal** pode ser útil se as suas emoções forem muito intensas e você precisar se acalmar rapidamente. Mais uma vez, não deixe de **checar com seu médico antes de experimentar isso**, pois água muito fria reduz o ritmo cardíaco.

> Para reduzir a temperatura corporal:
> - Mergulhe o rosto em água gelada ou segure um saco com gelo (saco plástico ziplock de gelo ou água gelada) contra os olhos e bochechas.
> - Mantenha a água acima de 10 °C e evite gelo se for alérgico ao frio.
> - Segure a respiração por 15-30 segundos.
> - Sua frequência cardíaca deve agora abrandar, reduzindo o fluxo sanguíneo para órgãos não essenciais enquanto o redireciona para o cérebro e o coração.

Mudanças em Seus Pensamentos

Seu pensamento provavelmente é tão rígido quanto o seu corpo. Modificar crenças rígidas pode ajudá-lo a pensar mais flexivelmente. Seus julgamentos e suposições podem não ser todos corretos.

Veja se consegue ter em mente as **estratégias dialéticas** e faça uma pausa para lembrar que sempre há um outro lado para as suas ideias. É importante que a jovem mãe que se sente culpada por ser impaciente com os filhos se lembre de que sua situação é muito complexa para dizer que *ou* seus filhos são culpados *ou* ela é uma mãe egoísta e insensível. Uma visão mais dialeticamente balanceada pode ajudá-la a evitar que se apegue a apenas uma parte negativa da história. Quando pensa em ambos os lados, ela percebe uma realidade mais completa. "Durante o dia, o medicamento para dor me deixa muito sonolenta para ser suficientemente responsiva às crianças." Mas ela está exausta depois de ficar acordada a noite inteira em uma "tormenta incessante", com coceira por causa de uma reação à medicação. Ela consegue equilibrar seus autojulgamentos críticos lembrando-se de que agitação é uma resposta comum ao estresse físico e emocional? Considerar o lado oposto pode ajudá-la a perceber que ela pode estar irritada *e* ao mesmo tempo querer reduzir sua raiva para ser responsiva ao pedido dos filhos por atenção. Na verdade, ela pode se lembrar de que uma sensação interna de agitação não é o mesmo que expressar raiva externamente.

Você está reduzindo a situação a certo *ou* errado? Eu fiquei decepcionada ao me dar conta de que posso ter gastado mais energia me esforçando para provar que estava certa do que resolvendo meu problema. O homem que achava que a raiva que sentia do seu médico o motivava a trabalhar com mais afinco queria acreditar que o problema poderia ser tão simples quanto se esforçar mais. Lamentavelmente, algumas vezes responder de modo efetivo às próprias necessidades é mais complexo.

Quando você expande seu ponto de vista **para incluir a perspectiva de outra pessoa**, você pode questionar o pensamento baseado em uma perspectiva mais limitada da situação. Colocar-se no lugar dos outros algumas vezes ajuda a reduzir a raiva. Lembre-se de como Sara ficou menos incomodada depois que levou em consideração outras razões, além da insensibilidade da médica, que podem ter impedido que ela retornasse o telefonema conforme esperado. Faça o possível para considerar que partes da sua história podem estar faltando para ter uma visão do quadro completo.

Autoacalmar-se

Às vezes você pode ficar frustrado ou irritado por uma resposta insuficiente ao seu estresse emocional ou físico. Algumas vezes as pessoas à sua volta ou o universo não conseguem lhe dar o que você quer e precisa.

A estratégia de autoacalmar-se pode ser uma forma útil de se acalmar ou relaxar se você precisa encontrar uma maneira de tolerar o estresse quando as coisas não podem ser mudadas imediatamente. A estratégia aqui é cuidar de si com bondade e gentileza. Você tenta equilibrar a agitação em seu corpo, as suposições perturbadoras e os julgamentos autocríticos com sensações, pensamentos e ações calmantes, confortantes e sensíveis. Para algumas pessoas, assumir a responsabilidade pela própria estimulação também produz um maior senso de controle.

Vamos examinar como você pode usar as sensações físicas ou imagens para tentar se acalmar.

Autoacalmar-se com Sensações Físicas

Faça o possível para estimular seu corpo de forma gentil e confortável. O objetivo é criar sensações corporais agradáveis para equilibrar as formas como o tratamento do câncer pode algumas vezes ser fisicamente severo, deixando você com a sensação de que seu corpo é um mero palco de procedimentos médicos.

Avalie que tipo de **toque** pode ser relaxante para você. Você gosta de um banho quente, massagem, loções ou óleos em seu corpo? Você aprecia lençóis limpos e frescos, roupas macias ou sentir-se perfeitamente envolvido por uma textura confortante? Uma mulher descreveu como cuidar do seu gato era a coisa que mais a relaxava. Levar um bichinho de pelúcia para a quimioterapia confortava outra pessoa. Outra tinha um pequeno "travesseiro carinhoso" feito de veludo macio. Escolha o toque que funciona para você. Algumas vezes, um abraço é o mais consolador. Procure agir com carinho consigo mesmo. De uma forma gentil e sensível, você pode levar sua mão até o coração.

Que **aromas** são agradáveis para você? Você gosta de lavanda, baunilha ou pão fresco ainda quente? Você tem uma colônia, um xampu ou loção pós-barba favorita? Uma vela perfumada ou incenso estimulam relaxamento para você? Se você não conseguir estar literalmente ao ar livre para sentir o perfume de rosas, traga algumas flores frescas para dentro de casa ou abra a janela.

Pense nos **sons** que são mais relaxantes para você. Muitas pessoas acham útil ter uma gravação da sua música favorita disponível para ouvir em momentos de agitação. Para alguns, o melhor é música clássica ou canções de ninar. Outros encontram conforto ao ouvir sons revigorantes. Você se acalma com os sons da natureza? Com o barulho das ondas? Com o canto dos pássaros? Com as folhas se agitando ao vento? Com o som da chuva?

A comida reconfortante se tornou uma categoria por uma boa razão. Qual é sua comida favorita? Seu **paladar** implora por caramelo, sorvete de chocolate ou outros doces? Seu prazer especial é suco de frutas, sopa caseira ou uma xícara de chá? Se você está com náusea ou seu paladar mudou, também é possível que o gosto dos alimentos possa não ser uma sensação calmante neste momento.

Que **imagens** são mais confortantes para você? Um homem descreveu a alegria que encontrou ao observar as alegres brincadeiras dos netos. Você consegue relaxar folheando um livro bonito? Você aprecia arte ou fotografia? Quem sabe você pode assistir a um filme ou vídeo que tenha um cenário majestoso ou outras imagens agradáveis? Você é daqueles que encontra calma ao observar a chama de uma vela? Para muitos, as visões mais calmantes são a natureza, com as estrelas à noite, um lindo pôr do sol ou o som do mar.

Autoacalmar-se com Imagens Mentais

Quando sensações confortantes não estão imediatamente disponíveis ou você não pode estar fisicamente em um local calmo, ainda pode ser possível trazer à mente uma imagem tranquilizadora de pessoas, lugares ou situações.

Estratégias de imagens mentais demonstraram ajudar pacientes com câncer a tolerar a dor e outras situações estressantes. O objetivo é temporariamente desviar sua atenção do estresse imaginando uma conexão com uma pessoa, lugar ou tempo em que você se sentiu calmo, seguro e protegido.

Procure criar uma imagem mental de um lugar relaxante. Imagens calmantes são pessoais. Alguns acham fácil se imaginarem perto de um córrego borbulhante com as folhas de outono flutuando nas suas águas correntes, ou em um campo cheio de flores silvestres. Outros encontram facilidade em evocar imagens mentais de pessoas amadas, incluindo a família no futuro. Escolha a imagem que funcione para você.

Algumas pessoas usam imagens mentais para encontrar força se identificando mentalmente com uma imagem poderosa como uma montanha ou uma pessoa inspiradora. A figura pode ser de um relacionamento pessoal ou um personagem da História, como Jesus, Moisés, Gandhi, Buda ou Nelson Mandela.

Para usar imagens mentais:

- Feche os olhos e acalme a respiração, com uma expiração mais longa do que a inspiração.
- Veja se consegue trazer à mente a imagem de uma pessoa, lugar ou tempo que evoque segurança, tranquilidade ou proteção. Seu lugar confortante está em um ambiente interno ou externo?
- Esforce-se ao máximo para notar as imagens, sons e sensações de sentir segurança e conexão imaginando todos os detalhes deste lugar especial. Você está sozinho ou tem outros com você? Há animais presentes?
- Foque em todas as coisas bonitas que você vê que tornam seu lugar prazeroso. Existe água ou vegetação por perto? Quais são as cores e formas dos objetos que você vê?
- Faça o possível para ver se consegue permitir que o calor e a cordialidade de um sorriso se espalhem pelo seu corpo.
- Sinta os cantos externos dos seus olhos se elevando levemente e sua pele serenando como se você estivesse sorrindo com os olhos.
- Deixe que seu rosto relaxe.
- Sinta um sorriso real na sua boca e perceba o interior da sua boca sorrindo.
- Relaxe o maxilar. Note as sensações na sua boca e bochechas.
- Visualize e sinta um sorriso se espalhar pelo seu coração e peito. Permita que seu sorriso crie espaço para o que quer que esteja sentindo.

- Note sensações táteis prazerosas como a temperatura. É o sol em seu rosto ou uma brisa? Você está tocando uma superfície que lhe traz conforto? Talvez a areia macia ou um cobertor aconchegante traga conforto para você. Se houver um animal presente, acariciá-lo pode lhe trazer calma?
- Faça o melhor possível para prestar atenção a sons relaxantes. Talvez esteja tocando uma música calmante. Você ouve o rumor das folhas ao vento ou o estrondo das ondas na praia? Há vozes calmantes de pessoas amadas ao fundo? Elas estão dizendo alguma coisa especial?
- Veja se consegue imaginar gostos ou aromas agradáveis. Sua comida favorita está sendo preparada? Você consegue se recordar e desfrutar dos aromas e sabores? Talvez haja outras fragrâncias que o agradem.
- Para acrescentar mais detalhes a esta cena, imagine-se neste lugar tranquilo. Você está sentado, relaxando e desfrutando deste ambiente calmo ou andando, ouvindo, comendo ou fazendo outras atividades? Permita que sua respiração se prolongue para sentir conforto e tranquilidade. Expire mais lentamente para se sentir mais relaxado.
- Note e nomeie as emoções que você sente. Existe tranquilidade, relaxamento, alegria, felicidade ou sossego?
- Registre algum pensamento sobre como é estar neste lugar. Veja se consegue encontrar uma mensagem para carregar com você e que transmita sentimentos de tranquilidade e segurança.
- Esforce-se para lembrar de todos os detalhes deste lugar e tempo especiais para que possa recriar a experiência de segurança e conexão.
- Saiba que você pode retornar a este lugar tranquilo relembrando a imagem na sua mente durante momentos estressantes em que precisa relaxar e se recuperar.

Autocuidados Podem Ser um Desafio

Algumas vezes as pessoas podem ficar desconfortáveis por cuidarem de si mesmas. Algumas podem ficar com raiva porque o mundo as decepcionou e elas têm que assumir os próprios cuidados. Outras acreditam que ser gentis consigo mesmas as deixará mais tristes ou mais fracas ou faz com que sintam pena de si, minando sua disposição para assumir responsabilidade sobre as suas questões. Uma mulher disse: "Não sei o que é pior – ser uma vadia ou sentir pena de si mesma". No entanto, pesquisas mostraram que a autocompaixão na verdade fortalece e motiva a pessoa a ser proativa.

Algumas vezes as pessoas precisam usar a ação oposta para serem gentis consigo mesmas. Elas acreditam que não merecem cuidados gentis. Uma jovem mulher solteira foi submetida a uma mastectomia bilateral e ficou infértil, mas disse que não tinha direito de reclamar porque outros passaram por regimes de quimioterapia mais difíceis do que ela.

Alguns podem achar que fizeram algo errado. Eles podem se sentir envergonhados ou não merecedores de cuidados sensíveis. Assim como eu, eles se criticam caso se sintam irritadiços com pessoas que podem estar tentando ser úteis. Lembre-se da jovem mãe que simplificou excessivamente sua situação e decidiu que se os filhos estivessem certos em querer sua atenção, então deveria haver algo errado com ela por não lhes dar a devida atenção. Outros ficam zangados consigo mesmos e podem exagerar sua responsabilidade pela mudança ou sua capacidade de alterar a forma como seu corpo responde e seu impacto na família. Eles podem se tiranizar, achando que o curso da doença se deve a um fracasso da vontade ou a outra falha moral ou de caráter. A lista de coisas que eles "deveriam" fazer melhor pode ser exaustiva e extenuante!

"Alimentar-se de forma mais saudável."

"Ser mais forte."

"Dormir mais."

"Ser mais positivo."

"Lutar com mais afinco."

"Ser menos emotivo e estressado."

"Fazer mais exercício."

O fato é que muitos fatores contribuem para sobreviver ao câncer. Variáveis como a genética, o ambiente e sorte estão completamente fora do seu controle. Na verdade, há poucas evidências consistentes de que uma mentalidade como espírito combativo, falta de esperança, impotência, negação ou evitação impacte a sobrevivência ao câncer ou a recorrência da doença.

Por outro lado, todos nós temos arrependimentos sobre coisas que fizemos ou não fizemos. Inegavelmente, pode haver situações em que uma avaliação honesta inclui enfrentar alguma responsabilidade por fatos estressantes. Ron, que fumou a vida toda, tem que encarar o impacto do tabagismo em seu câncer de pulmão sem permitir que uma camada tóxica de desgosto consigo mesmo ofusque sua visão do quadro mais completo. O tabagismo é uma das muitas facetas da história completa da sua doença e recuperação. Embora seja um objetivo nobre, pode ser possível para Ron ter os próprios arrependimentos sem negar a si mesmo cuidados sensíveis. Uma perspectiva mais completa pode incluir arrependimento, culpa ou vergonha *e* uma sensibilidade gentil à sua dificuldade para enfrentar o impacto das suas ações. Ele também tem a oportunidade de se orgulhar por ter a coragem de aceitar uma verdade dolorosa e fazer mudanças para seguir em frente.

Autoinstrução

A autoinstrução pode ser uma forma efetiva para você ter um entendimento mais sensível da sua situação. A meta é tentar **treinar a si mesmo com a mesma compreensão acolhedora, paciente e sensível que você daria a uma pessoa querida que estivesse em uma situação estressante**. A autocompaixão se revelou efetiva na redução da raiva e da intensidade da dor. Pode beneficiar pessoas com dor crônica mesmo na ausência de outro manejo da dor. Também pode melhorar o bem-estar psicológico reduzindo a ansiedade, depressão e estresse e aumentando a capacidade para aceitar a dor.

Lembrar-se de que **os outros podem se sentir da mesma maneira que você** pode ser muito valioso. Seguidamente somos surpreendidos pela frequência com que as pessoas acham que são as únicas a se sentirem como elas se sentem. De fato, as pessoas que reconhecem a universalidade das suas emoções e sua humanidade compartilhada, e lembram que outros também estão sofrendo, mais felizes, mais resilientes e mais satisfeitas com a vida.

Para usar a autoinstrução compassiva:

- Acomode-se em uma posição confortável. Você pode ficar sentado, em pé ou deitado. Você pode fechar os olhos. Abra as palmas das mãos e as repouse sobre as coxas. Respire lenta e profundamente, dizendo a si mesmo a palavra "relaxe" enquanto expira.
- Gentilmente preste atenção à sua experiência e bondosamente reconheça as emoções que surgirem. Faça o máximo para entender sensivelmente e permita-se sentir o que você sente.
- Alguns acham mais fácil primeiramente começar trazendo pensamentos sensíveis para outra pessoa que esteja doente ou uma pessoa que amem.
- Diga a si mesmo:
    - *Este é um momento difícil e estou me sentindo agitado.*
    - *Conviver com o câncer é difícil e compreensivelmente estressante.*
    - *É difícil se sentir tão doente.*
    - *Sinto-me mal pelo fato de poder ter feito algo que tenha contribuído para o meu diagnóstico.*
    - *Sinto-me envergonhado quando sou tão irritável.*

- Lembre-se da sua humanidade compartilhada:
  - *Não sou o único que se sente assim. É normal ter dificuldades para lidar com uma situação dolorosa.*
  - *Lidar com o câncer é difícil para qualquer um. Eu sou apenas humano.*
  - *Ninguém é perfeito.*
  - *Incontáveis pessoas também se sentem irritáveis quando estão física ou emocionalmente estressadas.*
- Quando você for distraído por pensamentos duros ou críticos, esforce-se ao máximo para notar os julgamentos e então deixe que eles passem. Veja se consegue começar a tentar se entender e se perdoar por seus sentimentos. Pergunte-se que perspectivas você não está percebendo.
  - *Lidar com dor e estresse é difícil e estou tentando aprender as melhores maneiras de lidar com isso.*
  - *Alguma forma de raiva faz parte da experiência humana e é uma resposta comum à dor.*
  - *Ainda que minhas reações emocionais não sejam as mesmas que as de outras pessoas, elas fazem sentido.*
  - *Não há nada de errado comigo.*
  - *Que outra consideração estou esquecendo?*
- Aprender a ser gentil e compreensivo consigo mesmo é um processo gradual. Como acontece com muitas práticas novas, leva tempo para dominar a autocompaixão. Tente dar a si próprio a mesma compreensão que daria a uma criança pequena que cai quando está começando a aprender a andar. Faça o máximo para acreditar que você pode aprender a lidar com a situação mais efetivamente.
  - *Leva tempo para acalmar sentimentos intensos, e ainda estou aprendendo novas ferramentas.*
  - *As novas estratégias requerem bastante prática. Elas não são uma cura imediata, e todos precisam empregá-las muitas vezes.*
- Use um tom de voz acolhedor que você usaria com um amigo, trazendo à mente desejos calorosos como se você estivesse pedindo alguma coisa ou rezando. Expresse compaixão por si mesmo e pelos outros recitando internamente palavras ou frases de benevolência como:
  - *Lamento que isto seja tão difícil.*
  - *Você é importante e eu me importo com você.*
  - *Que eu possa me dar o apoio e compreensão sensível de que necessito.*
  - *Que eu aprenda a não ser tão duro comigo mesmo em relação a meus sentimentos e ações.*
  - *Que eu possa ser saudável.*
  - *Que todos os pacientes com câncer possam ser saudáveis.*

- Repita estas frases lentamente. Tente focar no significado enquanto as pronuncia. A mente parece ser capaz de "dizer" frases silenciosamente mesmo quando você não está prestando atenção ao processo. Veja se consegue focar no significado das palavras enquanto gentilmente traz sua mente de volta para seu roteiro mais uma vez.
- Se parecer confortável, considere dar a si mesmo um gesto físico de carinho, como colocar sua mão no coração ou abraçar-se.

Agora vamos passar da sua experiência interna para as formas de lidar com as relações com o mundo à sua volta.

7

Cultivando relações pessoais

Todos nós temos formas particulares de lidar com os outros. Você é extrovertido ou tem um estilo mais reservado? Você tem um círculo social grande ou concentra seu tempo e energia em algumas pessoas seletivamente escolhidas? Talvez você quisesse ter mais conexões interpessoais. É possível que você compartilhe abertamente suas reações e informações com os outros. Talvez seu estilo seja manter-se afastado de fatos ou sentimentos estressantes ou que sejam mais privados.

Independentemente do quanto você quer ser extrovertido ou reservado neste momento, e do fato de suas relações serem ou não tudo o que você quer que elas sejam, suas conexões com os outros podem impactar a vida com câncer. Mais ainda, a forma como você lida com as situações pode impactar seus relacionamentos. Este capítulo oferece ideias que podem ajudar a estimular relações interpessoais de suporte. Incluímos estratégias para se comunicar efetivamente e expressar o que você quer e precisa.

Relacionamentos e Câncer

Toda crise na vida tem o potencial para afetar a forma como as pessoas lidam umas com as outras. Dificuldades físicas, emocionais ou financeiras podem influenciar suas interações. Embora alguns possam se preocupar com a possibilidade de o câncer criar tensão nos relacionamentos, a vivência com a doença também tem o poder de aprofundá-los e melhorá-los.

Diante do câncer, aqueles mais próximos a você podem se aproximar ainda mais, enquanto outros podem parecer mais distantes. Algumas vezes, uma reação parece adequada. Em outros momentos, uma resposta pode surpreendentemente errar o alvo, parecendo excessivamente protetora ou muito indiferente. Pode ser difícil saber como lidar com amigos e familiares cuja disponibilidade física ou emocional não corresponde à sua necessidade ou expectativa neste momento.

A realidade é que nenhum de nós é perfeito, tem relacionamentos ideais ou consegue mudar as outras pessoas. Cada um lida com as informações médicas e as assimila de maneiras diferentes. Alguns são mais idealistas ou evitam fatos dolorosos, enquanto outros tentam ser realistas. Lembre-se de que aqueles que tendem para a mente emocional estão inclinados a ser mais expressivos ou compartilham facilmente sentimentos e informações. Aqueles que tendem para a mente racional mais provavelmente serão discretos e reservados. **Isso pode ser penoso se o estilo de enfrentamento de uma pessoa amada não combinar intuitivamente com o que funciona para você** neste momento.

Às vezes, as pessoas dizem coisas com a intenção de ser úteis, mas que involuntariamente fazem você se sentir incompreendido. "Não se preocupe, eu sei que você vai ficar bem" pode não corresponder ao incentivo de segurança que você gostaria de receber. Se você experimenta o encorajamento como uma minimização do que você está passando ou como invalidação do que está sentindo, se sentirá ainda mais sozinho. Sugestões bem-intencionadas como "Procure este médico" ou "Tente esta dieta" podem ser úteis. Por outro lado, se este conselho lhe soar como uma crítica do que você está fazendo, você poderá se sentir alienado.

Se você não puder estar tão envolvido com suas fontes usuais de conexão interpessoal como trabalho, escola ou experiências de intimidade física, **poderá se sentir isolado.** Pessoas jovens podem achar particularmente difícil ficar distantes do senso normal de pertencimento e comunidade. Havia dias em que Dinesh, aos 18 anos, estava imunodeprimido demais para ter contato com qualquer pessoa fora da sua casa. Ele ansiava por coisas do dia a dia consideradas banais, como pegar o metrô e bater papo com os passageiros. Ele descreveu o quanto se sentia sozinho. "Algumas noites... a minha solidão era uma catástrofe. Eu ficava lembrando a noite inteira dos amigos para quem eu havia ligado ou que ficaram comigo no hospital, dos meus pais dormindo no andar de baixo. Ainda assim eu tinha dificuldade para pegar no sono. Eu queria me encolher debaixo das cobertas, mas não conseguia me aconchegar o suficiente."

A necessidade de confiar nos outros pode mudar a dinâmica entre as pessoas. Cada um responde de forma única ao dar ou receber atenção extra ou ajuda. Os papéis podem mudar. Talvez um membro da família seja chamado para dar assistência adicional ou alguém que era cuidador agora pode ter que aceitar ser cuidado. Alguns também se preocupam com o fardo ou os custos para seus cuidadores.

Neste momento, intencionalmente ou involuntariamente, você pode ser aquele que está mantendo a distância. Lembre-se de que quando as pessoas se sentem vulneráveis elas podem entrar no modo de proteção. Se você acha que existe uma ameaça de não ter ou comprometer uma conexão que você deseja ou precisa, é possível que acabe erguendo barreiras. Algumas vezes recuar é uma escolha sábia. Outras vezes você pode estar reagindo a suposições não baseadas em fatos. Algumas vezes a proteção contra um perigo incerto pode atrapalhar uma relação mais próxima, como aconteceu com uma mulher chamada Elena. A hesitação em compartilhar suas emoções com o marido e a filha inicialmente comprometeu seu relacionamento com eles.

Promovendo Conexões Interpessoais Apoiadoras

Vamos acompanhar a história de Elena como um exemplo de como algumas das habilidades que já apresentamos podem ajudar a promover conexões pessoais apoiadoras.

Observe

Você está dizendo a si mesmo algum **mito comum sobre os relacionamentos**?

- As pessoas que eu amo estão estressadas, e é minha culpa.
- Eu sou um fardo e/ou carente.
- Eu não mereço este tempo e atenção.
- Pedir é um sinal de fraqueza e afasta as pessoas.
- Os relacionamentos podem ser prejudicados se a pessoa se recusa a fazer o que é pedido.
- Eu não deveria ter que pedir. As pessoas que eu amo deveriam saber do que eu preciso e fazê-lo.
- Eu sou egoísta. Eu deveria abrir mão das minhas necessidades e preocupações.

- As pessoas não vão querer ficar comigo se eu não puder agir normalmente ou parecer o mesmo de sempre.

Procure **conscientemente saber se você está na mente emocional, racional ou sábia**. Você consegue perceber se está enfatizando os fatos ou ignorando suas emoções e desejos como na mente racional? Você está tirando conclusões apressadas, fazendo suposições com julgamentos sobre si mesmo ou dos outros na mente emocional? Você tem uma perspectiva da mente sábia que equilibra fatos verificados com emoções, valores e prioridades?

Elena nota o quanto se sente sozinha e carente. Ela reconhece que algumas das reações do marido fazem com que se sinta incompreendida. Ela está consciente de pensar que não deve compartilhar muito com sua filha, jovem adulta, achando que ela pode não ser suficientemente forte para lidar com a carga e preocupação. Elena reconhece que está com a mente emocional ativada.

Verifique os Fatos

As histórias que contamos a nós mesmos podem parecer reais, mas nem sempre são verdadeiras.

Ficamos surpresos pela frequência com que as pessoas se sentem responsáveis por realidades da vida com câncer que não estão sob seu controle. Descobri que o manejo das minhas emoções oriundas do impacto do meu câncer na minha família era um dos aspectos mais desafiadores a serem enfrentados. Você está se culpando pela preocupação, estresse, carga ou genética de uma pessoa amada? Um homem concluiu que ele não era o pai que "queria ou deveria ser" depois que a filha adolescente disse que achou muito desgastante visitá-lo no hospital.

Lembre-se do valor de questionar suposições autocríticas. Você consegue ter em mente que não escolheu nem concordou com esta realidade? Provavelmente esta situação não é culpa sua. Há na verdade alguma coisa que você poderia ter feito diferente para mudar o fato de seu câncer impactar outras pessoas?

Elena se questiona se é carente. Precisar de alguém ou de algo significa que essas pessoas ou coisas são centrais para a sua saúde e felicidade. Não é a mesma coisa que ser "carente". *Carente* é um julgamento que implica que existe alguma coisa lamentável sobre você ou que você não está fazendo o que pode para cuidar de si.

Autoinstrução

Quando você está lidando com outras pessoas, é fácil ignorar as próprias emoções, pensamentos e o direito de ser assertivo. A autoinstrução pode ser uma maneira valiosa de **dar a si mesmo permissão para se sentir como você se sente**. Além disso, quando você tem em mente suas conexões com os outros, pode se sentir menos separado e sozinho. Procure dizer a si mesmo:

Muitas outras pessoas se sentem como eu me sinto.

Minhas emoções são válidas mesmo que sejam diferentes das dos outros ou os incomodem.

Eu gostaria que o câncer não impactasse também aqueles que estão à minha volta.

Eu não escolhi nem concordei com esta situação.

Posso tentar dar o máximo para aceitar o que está fora do meu controle.

Não posso controlar as cartas que foram dadas, mas posso escolher como jogá-las.

Eu posso decidir como quero manejar minhas emoções e lidar com os outros.

Contar com os outros não é uma fraqueza, mas pode ser um fato da vida neste momento.

Eu posso valorizar tudo o que está sendo feito por mim e preciso pedir ajuda.

Cuidar de mim mesmo não é egoísta e pode até permitir que eu seja capaz de cuidar dos outros.

Deve haver pessoas que me amam, se preocupam ou estão orando por mim que não estão fisicamente ao meu lado neste momento.

Verifique os Fatos nos Relacionamentos

Nos relacionamentos, ambas as pessoas afetam o equilíbrio de como as coisas acontecem, portanto você também deve verificar suas suposições sobre os outros. Procure se esforçar para lembrar que na verdade você não pode saber o que os outros estão pensando, a menos que eles lhe digam. Algumas vezes, é útil **verificar suas suposições diretamente com a outra pessoa**. Na verdade, quando questionada, a filha de Elena disse que era importante para ela saber de todos os detalhes sobre os cuidados relacionados à sua mãe. Estar por dentro das informações a ajudou a se sentir mais conectada com a família e guiou a decisão de estar mais envolvida nos cuidados da sua mãe.

Escuta

Ouvir os outros não é tão fácil quanto parece. É desafiador adaptar a história que você conta a si mesmo. Como muitos de nós, Elena teve dificuldade para deixar de lado suas suposições. Inicialmente ela estava convencida de que era demais para sua filha ouvir sobre o que ela estava passando e que uma mãe amorosa deveria proteger a filha. Ela teve que ser lembrada de que sua filha era adulta e que havia pedido para saber os detalhes.

Na verdade, ouvir genuinamente requer mais que apenas ouvir as palavras da outra pessoa. **Ouvir verdadeiramente envolve uma disposição para tentar ver o mundo através dos olhos da outra pessoa e ser mudado pelo que a pessoa tem a dizer.** No entanto, quando você está doente pode ser difícil se abrir para outros pontos de vista.

O fato é que, com ou sem câncer, é difícil estar totalmente aberto a outras perspectivas. Marsha e eu viemos de *backgrounds* psicológicos diferentes. Escrever este livro juntas exigiu que tentássemos entender o ponto de vista da outra pessoa sem nos apegarmos a nossas ideias como *a* verdade. Nós discordamos muito! Nós brigamos e algumas vezes parecia que teria que ser "do meu jeito ou de jeito nenhum". Com frequência tivemos que fazer uma pausa e dar um tempo antes de perceber que a outra pessoa *estava* dizendo alguma coisa de valor. Descobrimos que éramos menos rígidas e ficávamos mais dispostas a considerar outras ideias quando nos sentíamos ouvidas e respeitadas uma pela outra. Nós nos articulamos tendo em mente que nossa prioridade era tentar descobrir como era a melhor forma de ajudar pessoas com câncer. Gostamos de acreditar que por fim ouvir uma à outra não somente nos aproximou muito mais, como também tornou este livro mais profundo e rico.

Mente Sábia

A mente sábia é um guia valioso para tomar decisões construtivas e também pode ser muito útil para os relacionamentos. Esforce-se para levar em consideração o seguinte:

- **Você está se relacionando com outras pessoas de formas que estão funcionando bem para você?**
- **Você está empregando seu tempo e energia com as pessoas que são mais importantes para você?**
- **Você quer mudar em quem focar e/ou como se relaciona?**

Elena reconheceu que suas relações com o marido e a filha significavam o mundo para ela. Decidiu que queria focar neles e não dedicar seu pouco tempo e energia a pessoas que não eram tão importantes para ela. Para considerar como fortalecer sua conexão com eles, ela deu o melhor de si para enfrentar fatos do relacionamento e para ser o mais realista possível sobre como as coisas estavam ocorrendo entre eles.

Reconhecer a verdade sobre seus relacionamentos nem sempre é fácil. Às vezes, pode parecer tão desafiador quanto enfrentar a realidade médica. No entanto, ser realista sobre a conexão com aqueles à sua volta pode ajudá-lo a decidir se a distância faz sentido em uma relação particular. Elena se deu conta de que neste momento ela não se sentia tão próxima do marido e da filha quanto queria, mas que nem sempre tinha sido assim. Ela se questionava se seria benéfico compartilhar mais com eles.

É verdade que algumas vezes a escolha mais sábia é não expressar tudo o que você sente. Nem sempre é efetivo compartilhar ressentimento ou inveja. Por outro lado, Elena reconhecia que guardar as emoções nem sempre sustenta um relacionamento. Sua mente sábia a ajudou a decidir que estes eram relacionamentos confiáveis. Ao escolher não compartilhar suas emoções, ela não estava trocando a proteção percebida pela preciosa intimidade? Seu silêncio deixava que a filha e o marido lidassem com a situação sozinhos? Ela decidiu que valia a pena repensar sua abordagem com a filha e conversar com o marido diretamente.

Manejando Emoções Difíceis

Inegavelmente, os relacionamentos podem despertar fortes emoções. A princípio, Elena ficou incomodada com algumas reações do marido quando falou sobre seu câncer. Ela quis provar que sua indignação era justificada e tentou culpá-lo, puni-lo e mudá-lo. No entanto, Elena sabiamente lembrou que na verdade ninguém consegue mudar outra pessoa sem que ela queira. Ela percebeu que estava desperdiçando uma energia preciosa ao ficar inefetivamente com raiva dele e usou algumas das estratégias de enfrentamento que apresentamos.

Procurando minimizar a intensidade da sua raiva, Elena se esforçou para nomear suas emoções e identificar seus pensamentos e sensações corporais. Reconheceu seu incômodo e frustração, notou seus julgamentos sobre o marido e tentou verificar os fatos. Ela usou autoinstrução para validar sua compreensível irritação. Além disso, fez respiração compassada para ajudar a acalmá-la e usou relaxamento muscular pareado e um banho quente e calmante para relaxar os músculos tensos.

Estratégias Dialéticas

Elena também achou útil ter em mente que **as pessoas e os relacionamentos podem aparentemente ter lados opostos que fazem parte do quadro mais completo**. Ela fez o possível para mudar seu pensamento sobre a filha e o relacionamento delas. Em vez de simplesmente ver a filha adulta como uma criança vulnerável, Elena tentou estar aberta a uma perspectiva mais abrangente sobre ela e seu relacionamento. Ela percebeu que, embora a filha parecesse frágil sob alguns aspectos, o diagnóstico de Elena também poderia ser, como diz a minha irmã, "outra maldita oportunidade de crescimento". De fato, pesquisas mostram que **diante de crises algumas pessoas encontram reservatórios de força antes inexplorados**.

Elena começou a compartilhar mais com a filha os fatos da sua doença e algumas das suas emoções. A crença de que talvez a filha pudesse ser mais forte do que ela inicialmente pensava deu à sua filha permissão para assumir um papel ativo nos cuidados de Elena e possibilitou, assim, que ficassem mais próximas. Elena e a filha não tinham que permanecer presas a papéis rígidos com os cuidados sendo prestados em apenas uma direção. De fato, ambas se tornaram doadoras e receptoras, apoiando *e* permitindo os cuidados uma da outra.

Algumas Palavras sobre como Falar com os Filhos

Para muitas pessoas, incluindo a mim, as conversas pessoais mais difíceis sobre câncer são com nossos filhos. Como você compartilha honestamente o que está acontecendo de uma forma que uma criança possa lidar com isso ao mesmo tempo que continua a confiar em você?

Naturalmente, a forma como você fala com uma criança varia conforme a idade dela. A filha de Elena era uma jovem adulta, e a forma que Elena achou efetiva para falar com ela provavelmente é diferente da que você usaria ao falar com um filho mais novo. Por outro lado, é fácil subestimar o quanto até mesmo as crianças mais jovens percebem mudanças na rotina e têm consciência das emoções e comportamento das pessoas à sua volta.

É comum que os pais queiram proteger os filhos não discutindo coisas perturbadoras. No entanto, quando uma criança tem consciência de que existe alguma coisa errada que não está sendo falada, a sua imaginação pode às vezes ser pior do que a realidade. Algumas crianças podem ter a ideia de que são a causa do estresse e/ou que o problema é tão terrível que os adultos não conseguem discuti-lo. Falar sobre estas preocupações as ajuda com as situações difíceis.

Uma linguagem simples e honesta pode eliminar confusão e desinformação. Muitos pais descobriram que usar a palavra *câncer* os ajuda a manter uma relação de confiança com seus filhos. Cogite dizer que câncer descreve células crescendo mais rapidamente do que o usual.

Lembre-se de que pode ser mais fácil enfrentar as circunstâncias quando você tem em mente as ideias aparentemente opostas de que uma **situação pode ser assustadora e também esperançosa**. Você pode reconhecer que a palavra *câncer* é assustadora para algumas pessoas porque nem sempre existiram tratamentos para o câncer tão efetivos quanto os que existem atualmente. Compartilhe seu plano de tratamento pessoal e a esperança que ele oferece. Algumas pessoas descrevem a quimioterapia ou radioterapia como formas de retardar o crescimento celular. Com o tempo, é útil explicar que a perda de cabelo e outros efeitos colaterais incômodos são reações ao medicamento, não à doença.

Assim como com os adultos, as respostas das crianças ao câncer variam. Algumas fazem muitas perguntas e querem saber vários detalhes. Outras se calam ou podem se sentir embaraçadas. Algumas se apressam em virar cuidadoras, achando que devem colocar suas vidas em compasso de espera. Outras ainda parecem ignorar o que está acontecendo, mergulhando em suas próprias vidas. Como em muitas outras partes da vida, é mais construtivo encorajar um filho a encontrar um caminho do meio equilibrado que também mantenha a sua vida.

As perguntas podem não vir todas de uma vez, portanto procure ao máximo se manter aberto a elas com o tempo. Fique atento a concepções erradas, como a de que o câncer é contagioso. Algumas crianças podem perguntar se você vai morrer. Mais uma vez, o objetivo é equilibrar esperança e honestidade. Você pode reconhecer a realidade dizendo: "Todos nós vamos morrer algum dia, mas felizmente não de câncer" ou "Esperamos que não, e os médicos estão se empenhando muito para me ajudar".

Outras Fontes de Apoio

Outra consideração da mente sábia é ver se as fontes de apoio fora do seu círculo íntimo também podem ser úteis para você ou sua família neste momento. Mesmo que você tenha muitas pessoas carinhosas e úteis na sua vida, uma relação pessoal e/ou profissional com outros na comunidade, religiosos ou provedores de saúde mental pode ser benéfica neste momento.

Há muitos modelos diferentes de apoio a pacientes com câncer. Alguns acham útil conectar-se com pessoas que têm experiência com o que eles estão passando. Um homem descreveu o valor de ser ouvido por alguém que já "esteve ali". Ele disse: "Você não precisa das palavras delas para se sentir compreendido". Grupos de apoio específicos para pacientes com câncer podem minimizar o isolamento, e o apoio psicossocial demonstrou ter impacto sobre a qualidade de vida de pacientes com câncer e as taxas de sobrevivência. Outros estudos associam as conexões sociais à tolerância à dor.

Conexões com outras pessoas que compartilham sua experiência podem estar disponíveis em recursos na comunidade, ambientes específicos para pacientes com câncer, hospitais ou *on-line*. Alguns grupos são específicos por diagnóstico, idade ou estágio. Uma mulher na faixa dos 20 anos encontrou amizades com outros na sua posição ao se juntar aos Breasties,* um grupo para pessoas jovens afetadas por câncer de mama e do sistema reprodutor. Este grupo em particular promove conscientização sobre o câncer para a comunidade através das mídias sociais, encontros, eventos com duração de um dia e retiros de bem-estar nos finais de semana. Outra pessoa, de forma mais privada, pediu ao seu médico para ajudá-la a se conectar com algum indivíduo com uma experiência médica semelhante. Considere a opção que seja mais adequada para você.

Falando diretamente com Outras Pessoas

Se você está relutante em deixar que outras pessoas saibam o que você quer ou acha que precisa, você não está sozinho. Muitas pessoas hesitam em se expressar. Elena estava insegura sobre como expressar suas inquietações para o marido e, também, proteger seu relacionamento.

O que você pode fazer quando quer compartilhar sua experiência e contar a alguém como realmente se sente, mas a pessoa parece ter dificuldade para ouvir? Talvez você tenha uma pessoa querida que goste tanto de você que se sinta incapaz de tolerar ouvi-lo falar sobre a sua dor. Como dizer a alguém que quer conversar sobre o que você está passando que você gosta dele ou dela, mas não acha que conversar vai ser muito útil neste momento? Mais uma vez, temos algumas ideias que podem ajudá-lo a se comunicar de forma que nenhum dos envolvidos se sinta mal.

---

* N. de T.: No Brasil, por exemplo, há o IMAMA (https://imama.org.br/).

Comunicação Efetiva

Uma conversa direta pode aprofundar um relacionamento. Outras pessoas não são boas leitoras de pensamentos, e a menos que você se manifeste elas nem sempre vão saber o que você quer. Muitas vezes, você não precisa dizer. Embora não possa controlar o que os outros fazem nem mudá-los, a maneira como você pede pode influenciar a situação.

Pedir de forma efetiva significa entender a diferença entre pedir e exigir. Quando você pede genuinamente, a outra pessoa tem a chance de concordar ou não. Por outro lado, uma exigência diz à outra pessoa o que fazer sem dar a ela a oportunidade de decidir se concorda ou não. Pedir é respeitoso; uma exigência pode prejudicar os relacionamentos.

Tenha em mente que emoções intensas podem impactar uma interação. **Pode ser muito importante usar estratégias para regular suas emoções antes de lidar com os outros a fim de proteger a interação e evitar que seja prejudicada por emoções intensas.** Por exemplo, será mais provável que você se comunique efetivamente quando estiver com menos raiva. Será mais fácil compartilhar suas inquietações quando você estiver menos ansioso e não estiver acreditando em suposições catastróficas sobre seus relacionamentos. Procure examinar as habilidades para lidar com a tristeza se estiver muito infeliz. As seções no Capítulo 6 sobre dificuldades com autoacalmar-se e autoinstrução podem ser valiosas se você estiver se culpando pela forma como as coisas estão se dando com as pessoas que você ama.

O próximo passo é saber seu objetivo. O que você espera da interação?

- Ser ouvido e compreendido
- Ter sua perspectiva levada a sério
- Pedir uma resposta diferente
- Resolver um conflito
- Conseguir que a outra pessoa faça o que você quer
- Proteger um relacionamento
- Ser apreciado ou respeitado
- Manter ou melhorar o autorrespeito

Como muitos de nós, Elena tinha muitos objetivos. Seu objetivo a curto prazo era pedir firmemente e receber o que queria, o que deveria ser compreendido e receber uma resposta diferente do marido, ao mesmo tempo mantendo seu objetivo a longo prazo de proteger seu relacionamento.

> **DEAR MAN**
>
> DEAR MAN é um acrônimo para uma forma efetiva de pedir mais firmemente o que você quer ou acha que precisa:
> **D: Descrever** a situação com fatos objetivos.
> **E: Expressar** suas emoções e opiniões claramente.
> **A:** Comunicar **assertivamente** seus desejos.
> **R: Reforçar** os efeitos positivos de receber o que você precisa.
> **M:** Prestar atenção aos seus objetivos e manter-se em *mindfulness*.
> **A: Aparentar confiança** – no tom de voz, postura e contato visual.
> **N: Negociar** – estar disposto a dar para receber.

Esta estratégia requer prática, e você poderá achar útil tentar planejar antecipadamente e talvez até escrever o que quer dizer e como quer dizer. Vamos examinar como Elena pode usar esta técnica para falar com o marido quando seus estilos de enfrentamento não combinarem. Há momentos em que ela se sente amedrontada quanto ao futuro e a reação dele à sua ansiedade faz com que se sinta mais sozinha.

Seu primeiro passo é **descrever** o que a está incomodando. Ela tenta relatar objetivamente o que aconteceu, atendo-se aos fatos. Ela se esforça ao máximo para comentar apenas o que consegue observar – sensações, emoções e pensamentos – e **evita fazer julgamentos e suposições sobre suas intenções**. Ela diz:

> *Eu gosto de recorrer a você quando estou abalada. Quando compartilho minhas preocupações, você frequentemente me diz que tudo vai ficar bem. Quando eu repetidamente retomo os detalhes médicos, você algumas vezes revira os olhos.*

Depois disso, Elena procura **expressar** suas emoções e opiniões sem pressupor que o marido sabe como ela se sente. Estar aberto em relação às suas emoções pode ser difícil. As pessoas temem ser julgadas, mal compreendidas ou parecer fracas. Expressão honesta significa corajosamente compartilhar suas emoções sem uma reação tida como certa por parte da outra pessoa. Se você não tem certeza de que a outra pessoa se sente da mesma forma que você ou de que ela vai responder com gentileza, ficar vulnerável e expressar emoções como "Eu te amo" pode parecer arriscado. Elena diz:

Estou me sentindo sensível neste momento, e seu apoio e aprovação significam muito. Às vezes eu fico chateada com sua reação para comigo. Algumas vezes acho que você está tentando ser encorajador, mas é como se você só estivesse tentando me acalmar. Quando você revira os olhos, eu acho que você não está levando a sério as minhas preocupações. Se eu acho que você está sendo crítico em relação ao meu enfrentamento ou que não me compreende, acabo me sentindo ainda mais sozinha.

Depois disso, ela **comunica assertivamente seus desejos**, expressando o que é útil e o que não é. Ela se esforça para dizer "Eu quero" ou "Eu não quero" e tenta evitar dizer "Você deveria" ou "Você não deveria". **Se a outra pessoa expressar incerteza sobre o que você quer, encoraje-a a lhe perguntar.** Elena diz:

Na maior parte do tempo, a minha expectativa é que você simplesmente me escute. Eu quero que você entenda o quanto me sinto amedrontada. De modo geral, não estou procurando ser tranquilizada. Se você não souber se é hora para encorajamento ou escuta, por favor, me pergunte.

Se a conversa não estiver indo bem, você sempre pode expressar seu desconforto e fazer uma pausa, adiando a conversa para outro momento. Esta estratégia dá à outra pessoa uma chance de refletir sobre a sua solicitação, e você tem a oportunidade de pedir novamente, talvez de uma maneira diferente. Você pode simplesmente dizer: "Vamos suspender esta conversa por enquanto".

O próximo passo de Elena é **reforçar** ou recompensar o marido contando a ele os efeitos positivos de ouvi-la sem tranquilizá-la automaticamente. Refletir sobre o que pode ser positivo para a outra pessoa pode significar contemplar a situação pelo ponto de vista dela para que você tenha uma ideia do que importa. É mais efetivo nomear as consequências positivas do que as negativas, portanto tente evitar ultimatos como dizer: "Se você não...". As pessoas querem se sentir cuidadas e valorizadas, portanto, tente expressar gratidão sempre que possível. Elena diz:

Eu amo você e valorizo o fato de estar tentando ser apoiador e encorajador. Significa muito para mim me sentir ouvida e respeitada. Eu fico mais relaxada quando me sinto compreendida, e depois disso nos relacionamos muito melhor.

Elena tenta se manter em **mindfulness**, o que significa **ater-se à questão em vez de ficar presa às emoções**. Ela tenta calmamente se manter focada em melhorar a comunicação com o marido sem involuntariamente comprometer seu relacionamento. Ela se esforça ao máximo para não ser distraída pela sua autocrítica ou por algum comentário que ele possa fazer. Como um disco arranhado, ela repete o argumento de modo prático.

Seu apoio é muito importante para mim. Realmente espero que você consiga me ouvir e entender que eu estou assustada sem ter que me tranquilizar ou julgar.

Elena se esforça para **aparentar confiança** e aborda a conversa com o otimismo de que tudo vai correr bem. Ela faz um esforço para usar um tom de voz forte, sem gaguejar ou sussurrar. Ela tenta parecer confiante em seu comportamento e postura física, olhando-o nos olhos em vez de ficar olhando para o chão.

Por fim, Elena está interessada em **negociar**, o que significa estar disposta a dar e receber. Ela está aberta a encontrar outras formas de melhorar a situação. Ela tenta focar no que irá funcionar e pede que o marido dê ideias sobre como eles podem resolver o problema.

GIVE

GIVE é um acrônimo para uma estratégia que ajuda a **manter ou fortalecer um relacionamento importante** pedindo alguma coisa de uma forma que ainda permita que você e a outra pessoa se sintam bem em relação ao assunto e respeitem um ao outro.

- **G: Gentil:** Seja gentil e respeitoso
- **I: Interessado:** Pareça interessado no que a outra pessoa tem a dizer
- **V: Validar:** Mostre que você compreende a outra pessoa
- **E: Estilo tranquilo:** Seja alegre, sorria e considere usar humor

---

Esta abordagem pode ajudar Elena a equilibrar seu objetivo imediato, de que o marido responda a ela de uma forma diferente, com seu objetivo a longo prazo, de proteger seu relacionamento. Vamos examinar como ela pode usar esta ferramenta para que ela e o marido possam manter um sentimento de estarem no mesmo barco em vez de lutarem um com o outro. Inicialmente, quando Elena está irritada com ele, ela usa respiração compassada e relaxamento muscular pareado para se acalmar antes de começar a falar.

Ela foca em usar um estilo **gentil** na conversa, tentando evitar ataques, ameaças, julgar e desrespeitar ou tentar fazê-lo se sentir culpado. Em vez de sugerir que é "do meu jeito ou de jeito nenhum" ou culpar o marido, ela propõe que eles **compartilhem a responsabilidade por melhorar o que está acontecendo entre eles.**

Este é um momento muito difícil para nós. Talvez nós dois estejamos abalados com a situação e não nos apoiamos da melhor maneira. Será que podemos ver se conseguimos encontrar uma forma de trabalharmos juntos para melhorar a nossa comunicação?

Ela procura se mostrar **interessada** pela perspectiva dele sobre a situação voltando-se para ele, inclinando-se e mantendo contato visual sem interrompê-lo. Ela presume que ele fica incomodado e crítico por ela ficar repetindo as informações médicas, mas gentilmente checa isso com ele.

Eu gosto de conversar sobre os fatos e as minhas emoções. Reconheço que você tem suas próprias reações ao meu câncer e quero tentar também entender a sua perspectiva. Como é para você quando eu falo sobre como estou abalada e fico analisando os fatos médicos?

O marido inicialmente não se mostrou aberto à conversa, e Elena sabiamente foi sensível ao desejo dele de falar sobre seus problemas em outro momento. Ele se sentiu respeitado e se mostrou muito mais aberto na segunda vez. Se você não está fazendo progresso com conversas repetidas, considere buscar um profissional de saúde mental, um religioso ou outra pessoa apta para ajudá-los a conversar.

Validar o marido foi crucial para o sucesso da conversa. No entanto, ela deixou claro que não concordava com a forma como ele estava se comunicando. Elena procurou fazer e dizer coisas para que o marido soubesse que as emoções, pensamentos e ações dele eram compreensíveis para ela.

Talvez nossa comunicação esteja tensa porque temos formas diferentes de enfrentamento. Eu gosto de analisar os detalhes com os outros e compartilhar minhas emoções. Parece que você prefere ser mais reservado e menos emocional. Há alguma forma de sermos mais sensíveis e respeitosos quanto ao estilo um do outro?

Por fim, Elena usa um **estilo tranquilo**, lembrando que você "pega mais moscas com mel do que com vinagre". Ela sorri e usa um estilo mais leve, falando com ele de forma carinhosa para conseguir o que quer.

GIVE permitiu que eles concordassem que ele irá tentar pedir e estar aberto ao *feedback* sobre como as reações dele estão refletindo nela e ela irá tentar se expressar gentilmente quando estiver se sentindo incompreendida.

Algumas Palavras sobre Intimidade Física

A comunicação sobre os aspectos físicos e emocionais dos relacionamentos íntimos pode parecer desafiadora neste momento. Às vezes as pessoas têm a preocupação de que mudanças na intimidade física tradicional vão acabar comprometer o relacionamento como um todo. Procure observar se você está "catastrofizando" na mente emocional. Esforce-se para prestar atenção e ver se você está mantendo distância do seu parceiro para se proteger de um sentimento de vulnerabilidade ou se o seu parceiro está se sentindo impedido pela distância. Você deve se certificar de que a relutância para compartilhar suas preocupações não esteja comprometendo sua intimidade emocional. Às vezes, pode ser difícil, mas extremamente valioso dizer "Eu não me sinto desejável neste momento, mas ainda amo você e quero que você me ame". O livro *Sex and Cancer*, listado nas Notas, também pode ser útil neste momento.

Procure ter em mente o valor de proporcionar um toque suave, esfregar e massagear as costas, ficar de mãos dadas, beijar ou ser carinhoso. Lembre-se de que um abraço de 20 segundos acompanhado de 10 minutos de mãos dadas pode ser uma fonte inestimável de conforto e afeição, atenuando sua resposta ao estresse e ansiedade.

Na sequência, voltamo-nos para as relações no seu mundo mais amplo, com os profissionais da área médica e colegas.

8
Comunicando-se com colegas e médicos

O câncer pode ter um impacto em como você se relaciona com as pessoas dentro e fora do seu círculo íntimo. Se você está hesitante em permitir que as pessoas no seu mundo mais amplo saibam o que você quer ou em expressar suas preocupações, você não está sozinho.

Pode ser difícil saber como discutir efetivamente seu envolvimento constante remunerado ou voluntário na sua comunidade ou local de trabalho. Você está tentando descobrir o quanto de informação quer compartilhar? Também pode ser desafiador circular pelo mundo médico com decisões importantes a serem tomadas e questões financeiras complicadas para negociar. Você tem as explicações necessárias para digerir informações complexas que podem ter implicações físicas, emocionais e financeiras significativas? Você está precisando de mais tempo e/ou outras opiniões para entender sua situação mais integralmente?

Algumas vezes as emoções podem impedi-lo de solicitar efetivamente aquilo que você está esperando. Às vezes você pode se culpar ou àqueles à sua volta pela dificuldade de negociar em um mundo médico complexo. Talvez você se preocupe que está sendo muito exigente, ou que a raiva que sente possa afastá-lo de alguém de quem precisa depender neste momento. O orgulho está impedindo que você se expresse? Você se sente frustrado, sobrecarregado ou intimidado? Está tentado a desistir de tentar obter tempo, informações e recursos que possam ser do seu interesse?

Por mais difícil que possa parecer, existem **maneiras efetivas de pedir sensibilidade, informação e assistência ou o respeito que é importante** para você e proteger relações que podem ser centrais para seu bem-estar. Neste capítulo, mostramos como aplicar as estratégias apresentadas até o momento para tomar decisões, manejar emoções e promover relações apoiadoras para ajudá-lo a falar com colegas e médicos. Apresentamos a habilidade FAST, uma maneira de expressar seus desejos sem comprometer a forma como você se sente sobre si mesmo.

Sua Relação com Seu Médico

Neste momento pode haver mais dimensões na sua conexão com seu médico do que você percebe. Por um lado, você é um consumidor procurando *expertise* médica vital. No entanto, lidar com questões médicas que envolvem altos riscos pode tocar questões pessoais centrais. Neste momento seu médico pode parecer tão essencial para a sua existência quanto seus laços com as pessoas mais próximas e mais queridas. Talvez você também esteja esperando ser compreendido e ser tratado com sensibilidade. De fato, foi demonstrado que uma relação apoiadora com um médico impacta significativamente o estado emocional de um paciente.

A maioria dos médicos é sensível e gentil. Porém, um médico frequentemente tem o tempo limitado, e o tempo com seu médico pode ser mais breve do que você deseja. Algumas vezes, um comentário bem-intencionado pode errar o alvo. "Nós vamos resolver isso" ou "Não se preocupe" pode parecer insensível ou indiferente. Você já sentiu que coisas que o incomodavam não estavam sendo levadas a sério? Algumas vezes as pessoas sentem que a complexidade da sua experiência é inadvertidamente banalizada. Em outros momentos, algumas pessoas podem se sentir incompreendidas e/ou julgadas.

Vejamos a história de Tyrone:

> *Eu estava deitado, enrolado como uma bola, quando meu médico veio me examinar. Ele parecia incomodado e disse: "Sente-se; você não está morrendo!".*
>
> *Sentindo-me como uma criança menosprezada, tentei recuperar a confiança para dizer o que estava se passando na minha mente. Embora eu estivesse muito intimidado para pedir qualquer coisa, pensei que não deveria consultar mais ninguém. Hesitantemente, perguntei se meu médico poderia explicar uma opção de tratamento diferente. Isso seria uma opção para mim? Posso conversar com outro paciente que já passou por esse procedimento?*
>
> *Observei o rosto dele como um falcão. Ele pareceu estremecer? Ele parecia incomodado, e imaginei se ele achava que eu estava o fazendo perder tempo. Ele provavelmente só queria voltar para a sua pesquisa. Será que ele evitou me olhar*

nos olhos porque meu prognóstico era reservado? Me senti julgado e humilhado quando ele disse: "Estou vendo que você é do tipo nervoso, então podemos fazer o rastreio mais cedo". Ele estava querendo dizer que havia alguma coisa errada comigo por estar tão nervoso e pedir tantas explicações?
O exame todo me deixou cambaleante. Eu me senti como uma peça de uma máquina sendo lubrificada ou condicionada em vez de uma pessoa real que se sentia vulnerável e tem sentimentos. Devo procurar outro médico ou ele é um médico competente e estou esperando demais?

Como você pode abordar mais construtivamente inquietações como as de Tyrone?

Observe

Mais uma vez, a chave é ser o mais claro possível sobre os fatos da situação, assim como em relação ao seu coração e mente. Lembre-se da importância de distinguir coisas que realmente aconteceram de suposições e julgamentos. Tyrone tenta identificar as informações objetivas que consegue detectar por meio dos sentidos. Ele tem consciência de que seu coração está acelerado. Ele nomeia suas emoções: agitação, incômodo e ansiedade. Ele reconhece que os fatos são que ele estava deitado quando o médico chegou. Tyrone o questionou. Ele observou o médico atentamente e criou teorias sobre o que viu.

Como muitos de nós fazemos, Tyrone percebeu que tinha suposições e julgamentos sobre si mesmo e seu médico. Suas ideias incluíam **mitos comuns sobre os médicos**:

- Os médicos não se preocupam com sentimentos.
- Perguntas incomodam os médicos e os fazem perder tempo.
- Eles podem não lhe contar a verdade.
- Uma segunda opinião é desleal e pode comprometer a relação.
- Os médicos não acolhem contribuições dos pacientes e não respeitam sua tomada de decisão.
- Se você se expressar, será rotulado como PD – paciente difícil.

A relação entre os sentimentos de Tyrone, suas preferências pessoais e as preocupações com sua qualidade de vida está em desequilíbrio. Ele sente um forte impulso de agir de acordo com suas emoções e reconhece que está na mente emocional.

Verifique os Fatos

Verificar os fatos é crucial. Algumas vezes uma suposição sobre seu médico pode ser acurada. Outras vezes suas ideias podem não ser.

O estereótipo comum é que os médicos ignoram as emoções, possivelmente as próprias e também as dos outros. Frequentemente eles são classificados como tendo uma mente racional. De fato, médicos na mente racional, pressionados pelo tempo, podem priorizar a *expertise* médica em detrimento das emoções, preferências pessoais ou considerações sobre a qualidade de vida. Eles são julgados algumas vezes como insensíveis. Uma mulher conta a história de um médico que a encaminhou para uma avaliação psiquiátrica depois que ela usou um tempo extra para buscar informações com outros profissionais médicos, familiares, consultores financeiros e religiosos antes de tomar uma difícil decisão de tratamento.

Mas nem todos os médicos são iguais. Embora o estereótipo da mente racional possa se aplicar a alguns médicos, muitos deles frequentemente estão na mente sábia. Eles procuram ao máximo equilibrar *expertise* médica *e* respeito sensível por suas preocupações. Eles acreditam que uma parte vital do seu trabalho é ajudá-lo a entender sua situação para que você possa tomar as melhores decisões para si mesmo. Eles podem incentivar uma segunda opinião e não encarar isso como uma afronta pessoal à sua competência.

Estratégias Dialéticas

Neste momento é difícil para Tyrone considerar qualquer coisa que não seja a própria perspectiva. Mas sempre há outras formas de encarar uma situação. Ele pode se esforçar para dizer: "Espere um minuto – o que mais eu poderia levar em conta?". Fazer uma pausa para ter aquela "visão do alto" pode ajudá-lo a expandir sua perspectiva parcial para levar em conta outro ponto de vista que também pode ser verdadeiro.

O comentário do médico "Você não está morrendo" poderia ter a intenção de encorajá-lo e tranquilizá-lo? É possível que o que pareceu ser um tom irritado não fosse a irritação do médico pelo fato de Tyrone estar deitado, mas alguma coisa não relacionada a Tyrone? Ele lembra que nem ele nem o médico são leitores de pensamentos. Eles podem observar as ações um do outro, mas não conseguem saber como o outro vai responder porque não é possível você saber o que outra pessoa está pensando ou sentindo.

Talvez "Estou vendo que você é do tipo nervoso" fosse uma tentativa de ser empático. O batimento cardíaco acelerado de Tyrone é uma reação ao estilo de comunicação do médico? Poderia ser também devido à ansiedade de Tyrone em relação à sua condição médica? Tyrone imagina que o médico não está sendo franco quanto ao seu prognóstico. Tyrone foi claro sobre o quanto de informação honesta ele quer ouvir? É possível que o médico esteja tentando protegê-lo, como algumas vezes fazem os médicos que estão tentando ser sensíveis? Talvez o prognóstico não seja tão ruim quanto Tyrone teme.

Autoinstrução

É importante para Tyrone considerar outras perspectivas sem ignorar a própria experiência. Ele também tenta dar a si mesmo permissão para se sentir como se sente e valida seu direito de reivindicar o que é importante para ele.

> *Estou convivendo com o câncer. Este é um momento difícil. É natural que eu me sinta mais emotivo e vulnerável agora.*
> *Estou sendo muito duro comigo mesmo. Meus pensamentos e emoções fazem sentido nesta situação.*
> *É razoável ter autorrespeito e reivindicar o que é importante para mim.*
> *Eu posso reconhecer a* expertise *do meu médico e ao mesmo tempo esperar mais tempo, informação ou responsividade.*
> *A maioria das pessoas quer ser entendida com sensibilidade.*

Enfrente os Fatos

Algumas vezes pode ser extremamente difícil aceitar realidades dolorosas. Quando estamos doentes, queremos acreditar que nossos médicos são infalíveis, pois dependemos deles para nossa saúde. É compreensível que queiramos estar confiantes de que eles têm todas as respostas e as soluções efetivas que precisamos. Nós contamos com eles para nos submeterem aos testes e tratamentos que irão nos curar mais rápido. Queremos vê-los como médicos magos que conhecem as estatísticas do prognóstico para que possam saber o que o futuro nos reserva.

Pode ser extremamente desafiador enfrentar o fato de que nossos médicos são qualquer outra coisa menos deuses perfeitos que nós (ou eles) gostaríamos que fossem. Não queremos reconhecer que os limites da medicina moderna restringem sua habilidade para nos ajudar. Não queremos ver que eles podem estar tendo um momento de desconexão ou que têm as próprias dificuldades para dar conta de realidades dolorosas. Enfrentar o fato de que eles podem ser tão humanos quanto o resto de nós significa aceitar que nenhum mortal tem todas as respostas que queremos. Não é uma tarefa fácil!

Se seu médico não for perfeito, Tyrone terá que abrir mão da esperança de ser ajudado? Ele é capaz de ter em mente que as coisas não são apenas de um jeito ou de outro? Pode haver um meio-termo, onde os médicos não são nem infalíveis *nem* incapazes de ajudar. Ter em mente a perspectiva mais completa pode ajudar Tyrone a ter uma visão realista do seu médico *e* continuar otimista.

Mente Sábia

Tyrone busca sua mente sábia para focar no que é mais importante para ele. Ele quer ser o mais claro possível quanto a suas prioridades nesta relação. Ele sabe que a *expertise* de um médico e responsividade a suas necessidades médicas é vital. A sensibilidade emocional do seu médico também é crucial para ele? É fundamental que seu médico escute, entenda e respeite o que é importante para ele?

Tyrone também leva em consideração o quanto de envolvimento deseja ter nas decisões do tratamento. Ele quer ser tranquilizado por uma recomendação clara sem entrar em muitos detalhes? Talvez seja importante para ele que todas as opções possíveis e suas implicações sejam apresentadas. Existem coisas que Tyrone espera discutir com seu médico? É importante para ele sentir que tem alguma participação na tomada de decisões e/ou que suas contribuições são respeitadas? Ele pondera se quer expressar seus desejos sobre como espera que as coisas sejam caso o fim pareça próximo. Existe verdadeiramente um risco de que levantar questões possa comprometer um relacionamento com alguém tão vital para seu tratamento? Mesmo assim, seu autorrespeito depende de se manifestar livremente?

A mente sábia de Tyrone reconhece que ele respeita a *expertise* do médico e está satisfeito com sua assistência médica. No entanto, ele não acha que está recebendo a atenção emocional que espera. Ele tem que trocar uma pela outra? Ele tem consciência de que é importante para ele ter um relacionamento que equilibre *expertise* médica *e* compreensão sensível e, assim, tenta tomar uma decisão que reflita esses valores.

Tyrone não quer que suas emoções o levem a fazer uma escolha impulsiva de simplesmente procurar outro médico que ele acha que vai ouvi-lo mais atentamente. Nem quer se contentar em apenas continuar com uma situação estressante. Ele considera opções que outros acharam úteis.

- **Antecipar** escrevendo previamente perguntas e questões a serem discutidas, incluindo o quanto de informação honesta ele quer ouvir e/ou contribuição deseja dar.
- **Usar estratégias de regulação emocional antes de falar com o médico** para minimizar o risco de que as emoções interfiram na comunicação efetiva.
- **Tomar notas ou gravar o encontro** para que possa revisar e pedir mais explicações posteriormente.
- **Levar consigo outra pessoa (familiar, amigo, defensor ou acompanhante terapêutico)** para tomar notas e ajudar a fazer perguntas.
- **Levantar questões com uma pessoa diferente que tenha mais tempo** para abordar as preocupações – talvez outra pessoa no consultório do médico (enfermeiro ou médico assistente) ou uma segunda opinião.
- **Conversar com outro paciente** que já tenha passado por um procedimento similar.
- **Usar habilidades de regulação emocional** depois da consulta para manejar emoções difíceis.

Comunicação Efetiva

Caso Tyrone decida ter uma conversa direta com seu médico, as habilidades apresentadas no Capítulo 7 podem ajudá-lo a expressar suas inquietações e expectativas, ao mesmo tempo que mantêm o autorrespeito e uma relação de trabalho construtiva. O médico de Tyrone não tem como saber que ele acha importante ter suas opções explicadas sensivelmente e ter alguma participação nas decisões a não ser que Tyrone se expresse. Ele pondera o que espera obter da conversa com o médico. Ele tem inúmeras metas. Ele quer ser ouvido e compreendido, receber uma resposta diferente para que sinta que suas preocupações estão sendo levadas a sério, proteger o relacionamento com o médico, mas manter seu autorrespeito.

Tyrone se recorda que **DEAR MAN** nos ajuda a fazer solicitações efetivas e **GIVE** nos ajuda a manter e fortalecer um relacionamento. Ele também considera o uso da habilidade **FAST** para ajudá-lo a **manter e fortalecer o autorrespeito**.

> **FAST**
>
> FAST pode ser uma estratégia útil para nos comunicarmos com profissionais de uma maneira que também respeite nossos próprios valores e crenças. As pessoas algumas vezes se desculpam excessivamente por fazerem reivindicações válidas. Desculpas desnecessárias podem minar a credibilidade e autoconfiança. Esta abordagem pode ajudá-lo a se sentir capaz e efetivo depois da interação, obtendo ou não os resultados ou mudanças que você deseja:
>
> > **F:** Seja **justo** *(fair)* consigo mesmo e com a outra pessoa – validando as emoções e desejos de ambos.
> >
> > **A:** Seja **assertivo** quanto aos desejos e prioridades sem se desculpar por fazer uma reivindicação, ter uma opinião ou discordar.
> >
> > **S: Sustente seus valores** – seja claro sobre o que você valoriza como um estilo moral de pensar.
> >
> > **T:** Seja **transparente** – não exagere ou peça desculpas, minta ou se mostre impotente quando não está.

Tyrone se pergunta se seus desejos são ou não razoáveis ou se está sendo muito carente. Ele faz algumas pesquisas e reconhece que já conseguiu todas as informações que podia por conta própria. Depois de considerar seus valores mais profundos, ele decide que precisa de mais tempo com o médico para manifestar preocupações sobre seu tratamento, pois isso é muito importante para ele e a família.

Vamos ver como Tyrone integra DEAR MAN, GIVE e FAST para conversar com seu médico. Usando os passos descritos em DEAR MAN, ele pode começar **descrevendo** sua situação, tentando evitar julgamentos e suposições sobre as motivações do médico. Ele tenta usar um estilo tranquilo, ser gentil e respeitoso consigo mesmo e com seu médico. Ele se esforça para ser justo e não exagerar o problema.

> *Eu tenho algumas perguntas e coisas que gostaria de ter discutido em nossa última consulta. Acabei indo embora um pouco perturbado.*

Ele **expressa** suas emoções e opiniões sem pressupor que o médico sabe como ele se sente. Embora seja difícil, Tyrone tenta ser o mais claro possível sobre sua experiência na interação. Expressar preocupações abertamente pode algumas vezes melhorar um relacionamento e aprofundar a compaixão da outra pessoa.

Eu me senti intimidado e achei que você me desaprovou por estar tão ansioso. Achei que as minhas perguntas estavam o incomodando e fazendo você perder seu tempo, mas que você ficaria chateado se eu perguntasse a outra pessoa. Também me preocupei que você achasse que eu não conseguia lidar com más notícias e, portanto, não iria me contar tudo.

Ele é **assertivo** quanto aos seus desejos e prioridades sem se desculpar por suas emoções.

Quero que você seja o mais honesto possível comigo, mesmo que tenha que me dar más notícias. Espero sensibilidade e respeito sobre como me sinto e o que é importante para mim.

Tyrone **reforça** os efeitos positivos de receber o que precisa. Ele tem em mente FAST e sustenta o que é importante para ele.

Eu fico mais calmo quando presumo que sou compreendido e aceito. Quando tanta coisa na minha vida parece fora do controle, é útil para mim ter o máximo possível de informações e participar das decisões.

Tyrone procura estar **consciente** da sua meta de melhorar a relação de trabalho com o médico, ao mesmo tempo que mantém seu autorrespeito. Ele tenta equilibrar a asserção de uma mensagem válida com o exagero do problema. Ele tenta demonstrar alguma compreensão do médico e não colocá-lo na defensiva. Ele se esforça ao máximo para ser justo e transparente. Ele pressupõe que as intenções do médico são positivas, salvo prova em contrário.

Eu entendo que você estava tentando me encorajar ou me proteger, ou talvez parecesse irritado por motivos que não me dizem respeito.

Ele procura **aparentar confiança**. Ele tenta evitar parecer envergonhado, puxando os ombros para trás e mantendo a cabeça erguida. Ele se esforça para manter um bom contato visual e usa uma voz firme sem se desculpar por suas emoções.

Ele **negocia** em um esforço para encorajar seu médico a também estar aberto a fazer mudanças. Ele tenta mostrar alguma disposição para assumir responsabilidade pela forma como o relacionamento irá se desenvolver.

Sei que nós dois estamos fazendo o melhor possível em uma situação difícil. Vou tentar encontrar maneiras de lidar com as minhas emoções, incluindo notar mi-

nhas suposições. Estou tentando me lembrar de não tirar conclusões apressadas e levar em consideração outras possibilidades antes de reagir. Se você estiver pressionado pelo tempo, há alguém com quem você trabalhe que teria mais tempo para conversar comigo?

Relações com os Colegas

Algumas vezes, o câncer também pode afetar a forma como você se relaciona com aqueles com quem trabalha na comunidade ou no seu ambiente profissional. Você está questionando o quanto de informação médica ou pessoal quer compartilhar? Você está se perguntando se seus relacionamentos irão mudar se for explícito sobre a sua condição atual? Talvez você esteja tentando descobrir como encontrar o equilíbrio entre permitir e pedir ajuda sem achar que será ignorado, que será alvo de pena ou que se sentirá um fardo. Se você decidir falar com outras pessoas, o que vai dizer?

Tyrone se sente vulnerável, isolado e inseguro sobre como quer se conectar com as pessoas no escritório.

> *Tenho que contar às pessoas no trabalho o que está acontecendo comigo? Eu sou reservado, e as pessoas fazem fofoca. Meus colegas vão me tratar de forma diferente. Eles vão manter distância e parar de me procurar. Odeio a ideia de ser visto como fraco ou que tenham pena de mim.*
>
> *Ainda por cima, me sinto cansado e está mais difícil me concentrar. Minha memória não está tão aguçada quanto normalmente. Qual é o problema comigo? Uma amiga minha não pareceu ter problemas para trabalhar. Alguém sugeriu que eu pesquisasse o seguro por invalidez. Eu não sou incapaz. Eu teria que compartilhar informações pessoais para solicitá-lo. Estou sendo orgulhoso ao não permitir receber apoio? Não quero arriscar meu plano de saúde ou o trabalho. É melhor ficar quieto e aguentar.*

Vamos examinar como as estratégias para tomar decisões, manejar emoções e promover relacionamentos apoiadores podem ajudar você ou Tyrone a decidir como se comunicar efetivamente com os colegas.

Observe

Que informações objetivas Tyrone pode detectar a partir dos seus sentidos? Ele está com pouca energia e se sente letárgico. Seu cérebro parece nebuloso e ele sente o peito pesado e vazio. Ele sente um frio na barriga e é como se estivesse com os nervos à flor da pele.

Ele dá nome às suas emoções. Ele está assustado, ansioso, com raiva e triste. Tyrone consegue reconhecer que está na mente emocional, onde é difícil lembrar que você não tem como saber o futuro ou o que outras pessoas estão sentindo ou pensando?

Ele tenta prestar atenção à diferença entre fatos e suposições. A realidade neste momento é que a condição atual de Tyrone está fazendo com que seja mais difícil trabalhar da mesma forma que sempre trabalhou. Ele se sente distante dos colegas. Ele se esforça ao máximo para reconhecer seus julgamentos. Sua visão de si mesmo se modifica quando ele imagina que o câncer agora o define. Ele se compara com a amiga dele e conclui que deve ser fraco. Ele teme que suas dificuldades atuais sejam permanentes. Ele decide que será irrelevante para seus colegas de trabalho se ele não conseguir contribuir da mesma forma.

Ele faz suposições sobre o futuro que incluem **mitos comuns sobre os colegas**:

Meus colegas não vão ser sensíveis e compreensivos.

Minha privacidade não será respeitada. Os outros querem saber da minha condição médica e então não vão manter a informação confidencial.

As pessoas vão se distanciar.

Eles vão perceber a mudança na minha fisionomia, mas não vão falar comigo. Vão correr rumores sobre o que há de errado comigo.

Eu vou me transformar em um fardo.

Os colegas vão me ignorar, achando que eu não estou à altura da tarefa ou que vou embora ou vou morrer.

Verifique os Fatos

Mais uma vez, é importante saber se seus pensamentos estão baseados em fatos. Algumas vezes, suas crenças estão corretas, e outras vezes, não. Informações acuradas fundamentam decisões sábias.

Conversar com o médico sobre as formas como a saúde impacta seu trabalho pode ajudar Tyrone a ter uma perspectiva confiável e realista da sua situação. Ele está se comparando com imagens idealizadas de pacientes fortes com câncer que simplificam excessivamente a vida com câncer? Alterações cognitivas leves algumas vezes referidas como "cérebro da quimioterapia" são comuns e em geral desaparecem. Tyrone pressupõe que o pessoal do seu escritório será insensível a suas necessidades. Ele faz generalizações amplas, presumindo que todos os colegas serão insensíveis e não respeitarão sua confidencialidade. Ele está especialmente preocupado porque a situação médica de outra colega é livremente discutida no escritório. Este fato é um indicador confiável de como sua situação será tratada? Ele tem informações confirmadas sobre a natureza e a cultura do seu escritório ou a disponibilidade de seguro por invalidez?

Estratégias Dialéticas

Tyrone procura se lembrar de que há muitas maneiras possíveis de olhar para a situação. Ele consegue dar o máximo de si para adotar uma perspectiva mais ampla e equilibrada?

Às vezes, há mais coisas em uma história do que percebemos. Assim como a história de Tyrone pode ou não se aplicar a você, generalizações da situação de outra pessoa nem sempre são aplicáveis. As suposições de Tyrone sobre confidencialidade em seu escritório não levam em consideração a história toda. Suas ideias deixam de fora informações particulares do caso da colega. Ao contrário de Tyrone, esta colega deixou claro que está confortável com as informações compartilhadas e não sente que sua privacidade tenha sido desconsiderada.

Tyrone pondera se é possível que alguns indivíduos em seu escritório reajam de modo sensível. O fato de os colegas se afastarem não deve ser interpretado de forma tão simples. Algumas vezes um colega não se aproxima porque se sente desconfortável, não sabe como lidar com a situação ou está tentando respeitar sua privacidade. Quando as pessoas não querem dizer ou fazer a coisa errada, às vezes elas não fazem absolutamente nada. É possível que haja colegas respeitosos que se importam muito e valorizam a contribuição de Tyrone? Eles podem estar muito interessados em saber de que forma poderiam apoiá-lo mais.

Enfrente os Fatos

Por outro lado, há momentos em que a verdade é dolorosa. Verificar os fatos e usar estratégias dialéticas não garante automaticamente um quadro otimista. Por mais difícil que possa ser, dar o máximo de si para enfrentar a realidade é crucial para tomar decisões sábias.

Não é fácil para Tyrone reconhecer que neste momento ele está tendo problemas para trabalhar da mesma maneira que no passado. Ele está muito cansado e com problemas de concentração. Seu plano de saúde e renda são importantes para sua família. Ele também tem que aceitar a difícil realidade de que, com câncer ou sem, ninguém pode responder definitivamente suas dúvidas sobre o futuro. Apesar das informações valiosas do médico, Tyrone terá que tolerar alguma incerteza em relação ao andamento da sua vida.

Autoinstrução

É muito importante que você seja gentil consigo mesmo. Esforce-se ao máximo para lembrar:

> *Não é incomum que o câncer afete a capacidade das pessoas de se engajarem em atividades da maneira habitual.*
> *As alterações na forma como estou trabalhando no momento não são necessariamente permanentes.*
> *É provável que quaisquer limitações que surjam não sejam o resultado de algo que fiz ou deixei de fazer.*
> *Minha vida não se limita a fazer o que eu sempre fiz no passado. Trabalhar de uma forma diferente não tem que definir minhas relações ou a mim mesmo.*
> *Lidar com o câncer não é fácil para ninguém, embora as dificuldades de outras pessoas possam não ser óbvias.*
> *Estou aprendendo novas formas de lidar com estes desafios, embora eles exijam prática. Mas sei que falar é mais fácil do que fazer.*

Mente Sábia

Tyrone pode tomar as decisões mais efetivas sobre comunicar-se com os colegas quando equilibra os fatos com o seu emocional e o seu racional. Ele tenta se esforçar ao máximo para levar em conta as informações e contribuições dos outros sem perder de vista o que é mais importante para ele. Em última análise, é ele quem melhor pode julgar como se sente física e emocionalmente e o que lhe parece mais benéfico neste momento.

Como acontece com muitas pessoas, o câncer de Tyrone ameaça o equilíbrio já delicado do seu trabalho/vida. Ele agora tem ainda mais prioridades para administrar. Além de tudo o mais, agora é especialmente importante que ele cuide da sua saúde física e emocional, ao mesmo tempo que protege seu emprego e os benefícios de saúde. Ao mesmo tempo, ele quer manter sua privacidade e autorrespeito. Tyrone recorre à sua mente sábia para se assegurar de que está equilibrando construtivamente suas prioridades para fazer negociações que lhe tragam benefícios.

Seu primeiro instinto é não dizer a ninguém que está tendo problemas para trabalhar da mesma maneira que antes. Ele considera os prós e contras de compartilhar tal informação. O trabalho de Tyrone é uma importante fonte de renda e uma distração útil neste momento. Ele não quer começar uma discussão sobre se é ou não capaz de trabalhar neste momento. Ele presume que se deixar que as pessoas tomem conhecimento do que está se passando, elas vão fazer fofoca, julgá-lo e/ou excluí-lo. Ele teme que, se as pessoas souberem da sua situação atual, isso venha a prejudicar a segurança do seu emprego. Se a suposição dele for acurada, ele pode estar sendo sábio ao se manter calado.

Por outro lado, uma mente sábia também leva em conta o custo do silêncio. Marsha descobriu pessoalmente que contar às pessoas que tem problemas com sua memória e pedir ajuda não afetou o quanto gostam dela. Por outro lado, ela acha que negar o problema pode interferir em um relacionamento ou um trabalho. Tyrone também questiona se o seu emprego não estará em maior risco se os colegas não entenderem por que ele não está trabalhando como sempre. Ele se pergunta se existem leis que o protejam. Ser tão reservado aumenta seu isolamento e faz com que se sinta mais sozinho?

Além disso, Tyrone está preocupado quanto ao seu autorrespeito. Compreensivelmente, a insegurança econômica pode abalar seu senso de controle. É importante para ele sentir que contribui e faz diferença para os outros. Ele tem menos probabilidade de se julgar como fraco ou um fardo se tentar "aguentar" sem contar às pessoas pelo que está passando? Outras pessoas acham que trabalhar neste momento é uma sobrecarga terrível e podem ficar abaladas porque os colegas estão esperando demais do seu desempenho. O foco delas neste momento está em dedicar seu tempo e energia à sua saúde e família. Existe uma forma autorrespeitosa de expressar suas preocupações?

Na mente sábia, Tyrone tenta adotar uma perspectiva equilibrada, lembrando que as coisas não são de um jeito *ou* de outro. Ele não é forte *ou* fraco. A impossibilidade de fazer tudo da maneira que fazia no passado não o define como inútil. Tyrone reconhece que sua renda, os benefícios de saúde, a conexão com os colegas e o autorrespeito são importantes para ele neste momento. Ele quer trabalhar tanto quanto possível.

Talvez haja também um caminho do meio para se comunicar com seus colegas. É possível escolher confiar apenas nos indivíduos confiáveis que não são críticos e respeitarão sua confidencialidade? Se conseguir falar de uma forma que proteja sua dignidade, ele conclui que compartilhar seletivamente sua condição atual com pessoas sensíveis e apoiadoras é uma troca que vale a pena.

Ao decidir o que pode ser efetivo, ele leva em consideração as **formas como outros lidaram com dificuldades de atenção ou memória, fadiga e o desejo de se manter envolvido**. Algumas das ideias mais úteis incluem:

- Minimizar as distrações
    - Trabalhar em um ambiente o mais reservado possível, como em uma sala com uma porta que possa ser fechada
    - Trabalhar em áreas mais silenciosas ou usar tampões de ouvido
- Elaborar listas das coisas a fazer e afixar estrategicamente anotações como lembretes
- Limitar multitarefas, realizando uma tarefa de cada vez
- Fazer intervalos frequentes no trabalho
- Ter horários flexíveis
- Trabalhar de casa
- Trabalhar em projetos pontuais
- Pedir que um colega de confiança dê uma revisada no trabalho
- Consultar redes de auxílio e acesso ao emprego*

Regulação Emocional

Tyrone também reconhece que consegue se comunicar mais efetivamente se estiver menos ansioso, triste, com raiva ou crítico de si mesmo. Ele analisa as estratégias apresentadas anteriormente para minimizar emoções intensas e autoinstrução. Ele **escolhe quais habilidades serão efetivas para ele antes de falar**.

Falando com os Colegas

Vamos ver como Tyrone pode usar as estratégias de comunicação que apresentamos para informar um colega sobre o que ele está passando para que possa se sentir menos sozinho e mais compreendido. Sua meta é expressar claramente o que o ajudaria neste momento.

---

* N. de t.: No Brasil, por exemplo, há o site do SINE (https://www.gov.br/pt-br/servicos/buscar-emprego-no-sistema-nacional-de-emprego-sine), o do TRABALHA BRASIL (www.trabalhabrasil.com.br) e o do EMPREGA BRASIL (www.empregabrasil.mte.gov.br).

Mais uma vez, ele usa DEAR MAN para pedir o que quer e tem em mente GIVE e FAST para proteger seus relacionamentos e o autorrespeito.

Ele inicia **descrevendo** sua situação. Compartilhar suas circunstâncias orienta os colegas sobre um problema comum com o câncer e o ajuda a se sentir menos sozinho.

Tenho relutado em compartilhar que tenho câncer e alguma dificuldade de concentração, o que pode ser um efeito colateral comum a curto prazo.

Ele **expressa** suas emoções e opiniões. Pode ser especialmente difícil compartilhar vulnerabilidade em um ambiente de trabalho, mas fazer isso algumas vezes aprofunda um relacionamento e a compaixão das outras pessoas.

Não é fácil perceber que partes da minha vida não estão sob meu controle. Ainda estou tentando encontrar em quais pontos eu ainda posso influenciar as coisas. É importante sentir que posso ter algum controle sobre a minha privacidade e dignidade.

Ele é **assertivo** quanto às suas emoções e prioridades.

Eu gostaria que meu desejo de privacidade fosse respeitado e de sentir que tenho alguma influência sobre o que é compartilhado a meu respeito. Por favor, não se sinta na obrigação de dizer alguma coisa especial para fazer com que eu me sinta melhor ou para me tranquilizar. Só espero saber que meu trabalho e vida fazem diferença para os outros. Significaria muito se as pessoas continuassem a buscar a minha contribuição.

Ele **reforça** os aspectos positivos de receber o que está reivindicando.

É muito importante para mim me sentir competente e me manter engajado nas partes da minha vida que não têm a ver com o câncer. Sentir que a minha contribuição é valorizada e minha privacidade é respeitada é muito importante para mim. Me senti particularmente apoiado quando uma pessoa comentou sobre a minha perda de peso dizendo que queria respeitar minha privacidade, mas também queria que eu soubesse que se importava comigo.

Tyrone tenta permanecer **consciente** da sua meta de manter uma boa relação de trabalho com seu colega, ao mesmo tempo que mantém seu autorrespeito. Ele tem GIVE e FAST em mente, tentando usar um estilo leve e tranquilo, ao mesmo tempo que tenta ser sensível a suas próprias preocupações e às da outra pessoa.

Reconheço que as pessoas têm reações próprias ao ouvirem esta notícia e que algumas podem querer conversar ou compartilhar a informação por se preocuparem comigo. Eu agradeço o interesse acolhedor, mas quero minimizar a conversa.

Ele faz o máximo possível para **aparentar confiança**, usando um tom de voz firme e fazendo contato visual. Ele puxa os ombros para trás e mantém a cabeça erguida.

Tyrone também tenta **negociar**, mostrando sua disposição em "dar para receber".

Se você tem preocupações em relação à minha saúde ou trabalho ou não tem certeza se eu quero falar sobre a minha situação, por favor me pergunte diretamente. Vou tentar estar aberto a respeito das coisas que impactam o trabalho e ser claro se houver momentos em que eu preferiria discutir outras questões.

No próximo e último capítulo, vamos nos aprofundar em como viver a vida de uma forma que seja compatível com o que é mais importante para você.

9

Vivendo de forma significativa

Depois de um diagnóstico de câncer, algumas pessoas reavaliam suas prioridades e consideram como querem viver agora. Conforto e segurança física, emocional e/ou financeira podem ser mais importantes neste momento. Questões relacionadas a fé e espiritualidade podem parecer mais centrais. Alguns podem se sentir mais sozinhos ou desconectados de quem ou do que em geral os motiva e guia. Eles podem se perguntar como ter esperança e confiança em um mundo imprevisível ou questionar se sua vida tem tido e pode continuar a ter propósito.

Muitos descobrem que esta é uma oportunidade valiosa para aprofundar sua conexão com o que mais importa. Podem dedicar mais tempo e energia às pessoas, atividades, valores, ideais e crenças que são mais significativas para eles. Viver com propósito pode parecer desafiador mesmo quando você não tem câncer, mas sempre é possível ter ou construir uma vida com propósito.

De fato, pode valer a pena você tentar. Muitos descobrem que reafirmar quem ou o que é importante para eles e/ou escolher viver mais em sintonia com suas prioridades constrói confiança e melhora seus relacionamentos e a forma como vivem. Pesquisas mostraram que pessoas com câncer avançado que concentraram sua energia no que era mais significativo para elas se sentiram menos desesperançadas e deprimidas.

Neste capítulo final, examinamos como algumas das habilidades que apresentamos podem ajudá-lo a se conectar com o que é significativo para você. Também apresentamos mais duas estratégias, **meio-sorriso** e **mãos dispostas**.

Enfrente os Fatos

O primeiro passo para fazer alguma mudança é honestamente prestar atenção à realidade da sua vida neste momento. Marsha usa o termo **aceitação radical** para descrever o processo de realisticamente reconhecer esses momentos desafiadores que ocorrem em nossas vidas. As dificuldades podem variar desde frustrações cotidianas, inevitáveis mudanças corporais ao longo da vida até o impacto do câncer na sua vida.

Enfrentar os fatos pode ser desafiador. Nós gostaríamos que certas realidades não fossem como são. Naturalmente, não gostamos de algumas limitações em nossas habilidades de fazer as coisas que são importantes para nós. Certamente não queremos nenhum impacto negativo em nossa família. Pode ser difícil ter em mente que admitir a verdade não significa que concordamos com o que está acontecendo. Algumas vezes, achamos que seríamos mais felizes se ignorássemos certos fatos. Mesmo Marsha, uma mestra zen que passou anos ensinando pessoas sobre aceitação radical, recentemente notou sua relutância inicial ao saber quanta dor estava envolvida em uma cirurgia para uma condição bem menos séria do que câncer.

Podemos achar que não temos coragem de encarar diretamente nos olhos uma realidade perturbadora ou assustadora. Podemos achar que vamos ser esmagados por nossas emoções ou desistiremos se admitirmos o quanto as coisas são graves. Podemos esquecer que é possível enfrentar os fatos *e* ainda trabalhar para a mudança e que existem formas efetivas de lidar com emoções intensas.

A vida com câncer pode parecer radicalmente difícil de enfrentar. No curso normal dos acontecimentos, nosso mundo pode parecer relativamente previsível e nos sentimos mais ou menos no controle. Em geral presumimos que nossas perguntas podem ser respondidas definitivamente e não passamos muito tempo pensando nas incertezas. A vida cotidiana não costuma exigir que foquemos no fato de que não sabemos o que o futuro reserva e que vamos morrer um dia. No entanto, o câncer pode desencadear tais questões. Agora podemos ser repentinamente confrontados com as incertezas da vida e os limites do nosso controle. Somos forçados a reconhecer nossa mortalidade. Ficamos desapontados, com raiva ou com dúvidas. Podemos ter muitos questionamentos: "Eu vou ficar bem?", "Como isto aconteceu?", "Coisas ruins realmente acontecem com pessoas boas?", "Por que eu?". Ao nos depararmos com tantas incertezas, pode ser difícil aceitar que pode não ser possível obter as respostas definitivas que desejamos.

Pode ser traumático ver realisticamente os limites do nosso controle e/ou reconhecer a incerteza fundamental de quanto tempo viveremos. Emoções intensas podem ser desencadeadas em função disso. Um homem normalmente muito confiante chamado Thomas descreveu que se sentia aprisionado e cheio de incertezas. Fazendo referência à canção *My Ride's Here*, escrita por Warren Zevon depois de ter sido diagnosticado com uma doença terminal, Thomas agora se questionava se havia perseguido seus maiores objetivos e vivido plenamente. Ele havia desperdiçado sua vida porque ainda não tinha lido todos os livros importantes? Ele tinha sido um pai e marido suficientemente bom?

Então por que cargas d'água sugerimos que seria útil tentar reconhecer o fato de que você não tem como saber quanto tempo viverá? Aceitar as realidades do que somos incapazes de controlar pode nos ajudar a tomar decisões mais efetivas. Em uma situação ameaçadora, nossos primeiros instintos de enfrentamento nem sempre são os mais efetivos. Considere o impulso de correr de um urso ou pisar com força no freio quando seu carro está derrapando. As respostas mais efetivas são na verdade o contrário: não corra e pise no freio suavemente.

Igualmente, uma tendência a ser autocrítico, evitar um tratamento difícil ou se afastar de pessoas e atividades que são apoiadoras e estimulantes pode não ser a abordagem mais efetiva. Olhar para a história toda, incluindo os obstáculos de uma reação inicial, pode motivar escolhas mais efetivas. Talvez você comece a cuidar melhor de si e/ou seguir os conselhos médicos. De fato, quando Marsha aceitou a necessidade médica da cirurgia que inicialmente queria evitar, ela seguiu em frente.

Aceitar um futuro incerto e enfrentar o fato de que todos nós iremos morrer um dia pode ajudá-lo a aprofundar sua conexão com quem ou o que é mais significativo para você. **Muitos acham que reconhecer o risco de perder tempo e relações preciosas os ajuda a valorizar a vida neste momento, a viver mais em sintonia com seus valores e a valorizar as pessoas que realmente são importantes para eles.** Thomas começou a dedicar mais tempo aos jantares e viagens em família e a passar mais tempo individualmente com as pessoas amadas para maximizar essas conexões. Ele também começou a retomar seus talentos criativos, priorizando o trabalho com questões sociais.

Além disso, tentar manter o controle pode ser irrealista e impedir que a vida seja desfrutada da forma mais plena possível. Certas atividades requerem que relaxemos para que possamos vivenciá-las mais plenamente. Pense no que pode acontecer com atividades como esquiar, velejar, andar de bicicleta ou surfar. Nessas atividades, precisamos aceitar a inutilidade de nos apegarmos à ilusão do controle total para nos dispormos a permitir que nossos esquis desçam a encosta, soltar nossas velas ao vento, surfar a onda ou dar a pedalada inicial. Da mesma forma, podemos não aproveitar o prazer de estar em algum lugar ou com alguém se estivermos ali só pela metade, pois também estamos focados em tentar controlar o que está acontecendo. Enfrentar a própria mortalidade pode parecer que é o último suspiro. Por outro lado, aceitar esta verdade sobre a vida pode ser um **incentivo poderoso para refletir mais sobre como você quer viver enquanto ainda estiver vivo**. Você pode estar motivado a dar um passo aparentemente contraintuitivo de **viver da forma mais plena e significativa que puder pelo tempo que puder**.

Como Enfrentar Fatos Estressantes

É claro que reconhecemos que a frase "Falar é mais fácil do que fazer" pode não chegar nem perto de captar a dificuldade de aceitar que você não irá viver como deseja ou a incerteza fundamental sobre se viverá tanto tempo quanto espera ou planeja. Entretanto, é possível que ainda que você tenha dúvidas sobre si mesmo ou se sinta vulnerável neste momento, também pode ser mais capaz de enfrentar a situação do que imaginava. Faça o máximo que puder para ter em mente que **é possível se sentir sobrecarregado *e* ser mais sábio, mais forte e mais corajoso do que você imagina**. Você tem razão para ter fé na sua habilidade de enfrentamento, pois já tem na sua caixa de ferramentas mais habilidades do que percebe. Muitas das mesmas estratégias que apresentamos para enfretamento quando a vida é imprevisível e o tira do equilíbrio podem agora ser úteis para enfrentar eventos estressantes. Vamos examinar os passos que podem ser usados repetidas vezes enquanto você tenta aceitar verdades perturbadoras.

Mindfulness

Enquanto você leva em conta o que terá que enfrentar, faça o melhor possível para ter em mente que **sua voz e coração sempre importam**. Tente prestar atenção a suas sensações físicas, pensamentos e emoções e como eles impactam uns aos outros. Lembre-se do valor da imagem da palma da mão aberta, dando o seu melhor para permitir que estas sensações, ideias e emoções venham à tona, note-as e então deixe-as ir.

Sensações Físicas

Você consegue notar suas sensações corporais? Considere o uso de **respiração compassada** e/ou **relaxamento muscular pareado**, apresentados no Capítulo 3, para impactar o corpo a fim de regular sua emoção. Duas estratégias adicionais podem ser úteis para enfrentar fatos difíceis.

> As **mãos dispostas** podem enviar uma mensagem das suas mãos para seu cérebro para que esteja mais aberto ao considerar uma realidade difícil.
> - Abaixe os braços, relaxando os ombros. Se você estiver em pé, mantenha-os retos ou com os cotovelos levemente curvados. Se estiver sentado, coloque-os sobre o colo ou as coxas. Se você estiver deitado, deixe-os ao seu lado.
> - Volte suas mãos para fora, abertas, polegares para o alto, palmas para cima e dedos relaxados.
>
> O **meio sorriso** pode ajudar a comunicar ao seu cérebro uma postura de aceitação, ao mesmo tempo que considera uma realidade difícil.
> - Relaxe o rosto desde o alto da cabeça até o queixo e maxilar. Relaxe cada músculo facial (testa, olhos, sobrancelhas, bochechas, boca e língua). Permita que sua arcada dentária superior e inferior fiquem levemente separadas. Se estiver tendo dificuldade, tente contrair seus músculos faciais e então relaxe. Um sorriso tenso é um sorriso forçado que pode dizer ao seu cérebro que você está escondendo ou mascarando emoções reais.
> - Deixe que os cantos dos lábios se ergam levemente, de modo que você possa senti-los. Não é necessário que os outros vejam. Para dar um meio-sorriso, você precisa erguer os lábios levemente para cima e manter o rosto relaxado.
> - Tente adotar uma expressão facial serena.

Pensamentos

Você percebe uma relutância em ser realista acerca da sua situação? Houve alguma mudança na fé em si mesmo, nos seus relacionamentos ou no mundo mais amplo? Você tem consciência de pensar mais sobre o futuro do que como está vivendo no presente?

    O câncer já é suficientemente difícil sem que sejam acrescentados autojulgamentos. Esteja atento às suas suposições sobre si mesmo, suas habilidades atuais e seus relacionamentos. Tenha cuidado com ideias não efetivas, como a de que sua vida não tem propósito ou que você já não pode mais fazer diferença para os outros ou que não tem mais um lugar. Observe se você está se criticando, pois assim como muitos de nós, suas ações nem sempre são coerentes com as suas prioridades. Tente ser sensível ao quanto é difícil aceitar realidades dolorosas ou focar em outra coisa nesse momento além das preocupações com a sua saúde. Ficar preocupado demais com temores sobre o futuro a ponto de não poder prestar atenção a viver com um propósito é compreensível.

Tenha em mente que é muito importante **verificar os fatos** para avaliar seus pressupostos sobre si mesmo e seus entes queridos. Suas ideias sobre o que você realisticamente tem que aceitar podem não ser acuradas. Seus piores medos nem sempre se tornam realidade. Algumas pessoas recuperam as capacidades e/ou vivem mais tempo do que elas mesmas ou seu médico esperavam. Já que você nunca pode saber o futuro, poderá ser muito útil checar suas suposições com seu médico, com sua família e sua mente sábia. Esforce-se ao máximo para **ter em mente que sempre há motivos para esperança**.

Você consegue notar se está na mente emocional ou racional? Veja se consegue assumir uma visão da **mente sábia equilibrada**, lembrando que as coisas não são necessariamente de um jeito *ou* de outro. Sua situação atual pode não ser tão simples que você possa fazer tudo da mesma forma *ou* ser incapaz de ter uma vida significativa. Mais provavelmente sua vida não será nem perfeita *nem* sem significado. Nenhum de nós vive uma vida ideal em sintonia com todos os nossos valores ou tem relacionamentos como todos gostaríamos que fossem. É muito difícil fazer todas as coisas que queremos fazer. Todos nós fizemos coisas que gostaríamos de não ter feito. A maioria de nós não viveu da forma como prometemos a nós mesmos que viveríamos. Aqueles que precisam dizer que lamentam têm a oportunidade de fazê-lo. A verdade é que mesmo que você não possa fazer tudo o que costumava fazer ou que seus relacionamentos não sejam ideais, você não está impotente. Você tem uma escolha sobre como jogar com as cartas que lhe foram dadas.

Considere usar a **autoinstrução** para dar a si mesmo a compreensão e compaixão que daria a outra pessoa na sua situação, dizendo:

> *Minha voz e coração ainda são importantes.*
>
> *Aceitar verdades dolorosas pode ser difícil para qualquer um.*
>
> *Posso me sentir sozinho e afastado neste momento, mas muitas outras pessoas já estiveram no meu lugar.*
>
> *Sou mais capaz de enfrentar do que às vezes acho.*
>
> *É fácil esquecer que há uma diferença entre lutar contra fatos dolorosos e lutar pela minha saúde.*

O fato de eu ter tendência a pensar mais nos medos do futuro do que em como estou vivendo no momento é compreensível.

As ações de muitas pessoas não são compatíveis com suas prioridades.

Sempre é possível ter ou construir uma vida significativa.

Emoções

Você consegue observar se está se sentindo desapontado, assustado, com raiva, arrependido, resignado e/ou triste? Lembre-se de que emoções intensas não são incomuns e nomear o que você está sentindo o ajuda a manejar esses sentimentos. **Nomear para domar.** Esperamos que você ache útil usar muitas das outras habilidades apresentadas para manejar emoções intensas, incluindo estratégias de **ação oposta** (apresentadas nos Capítulos 4, 5 e 6), para reverter impulsos de ação contraproducentes de ansiedade, tristeza ou raiva.

Tolerância ao Mal-estar

Se você está muito agitado, também poderá querer considerar algumas das técnicas a curto prazo apresentadas no Capítulo 4 para ajudar sua mente a colocá-lo em um lugar mais confortável enquanto estiver tentando lidar com o que você tem que enfrentar. **Estratégias de imagens mentais** e algumas de **autoacalmar-se** do Capítulo 6 também podem ser úteis neste momento.

Antecipação

Muitos consideram útil esta habilidade, apresentada inicialmente no Capítulo 4, quando têm que aceitar realidades estressantes. A ideia é desenvolver uma estratégia para enfrentamento de uma situação futura temida se o que você teme é baseado em fatos. Alguns pensam sobre a forma como desejam levar as suas vidas caso não possam viver tanto tempo quanto esperavam ou planejavam. Por exemplo, um homem resolveu viver mais plenamente no momento presente, prestando atenção ao que está acontecendo no agora, notando a beleza da natureza e a mudança das estações. Outra mulher decidiu tentar viver com mais dignidade, parar de fazer tempestade em copo d'água e ser mais empática. Ela queria deixar o passado para trás e deixar passar um antigo rancor contra sua cunhada. Ela se deu conta de que teria que usar a ação oposta para conseguir agir de forma mais gentil com a cunhada! Outras pessoas se esforçam para se expressarem exatamente como elas são ao máximo ou para cumprir seu papel e propósito únicos. Para um homem isso significava viver mais plenamente seu papel como avô. Para uma mulher isso significava deixar seu lado bem-humorado florescer. Outra mulher planejou desenvolver sua criatividade passando mais tempo envolvida com seus desenhos.

Agora vamos examinar maneiras de focar no que é mais significativo para você.

Conectando-se com o Que É Significativo

Use a mente sábia para identificar o que é mais importante para você. Veja se consegue fazer uma pausa para considerar quem ou o que é ou foi significativo e estimulante para você. Ser claro sobre o que sustenta e importa para você pode ajudá-lo a avaliar se você está vivendo da maneira que deseja ou decidir se há mudanças que queira fazer para promover partes da vida mais significativas.

Tente notar o que se assemelha a pequenas peças de um mosaico que formam o quadro maior do que é importante. Uma vida significativa não requer grandes gestos ou missões inspiradoras para impactar o mundo. Significado é muito pessoal.

Foque em seus valores, nas crenças, na forma como deseja viver e no que ou em quem faz a diferença para VOCÊ. Para avaliar o que é mais significativo para você, faça a si mesmo as seguintes perguntas:

- Você consegue se recordar de lembranças, relacionamentos, lugares ou tradições que tiveram maior impacto em você?
- Existem pessoas, lugares ou atividades particulares que lhe trazem alegria?
- Quem ou o que o ajudou em momentos de medo e dúvida?
- Considere suas prioridades neste momento.
- Você agora quer focar mais ou menos em certos relacionamentos?
- Você se sente diferente acerca do equilíbrio entre trabalho/vida?
- É importante para você ser mais amoroso e/ou estar aberto a ser amado?
- Existem pessoas ou organizações pelas quais você se sente responsável ou atividades que lhe dão um senso de propósito?
- Você gosta em especial de ouvir música, admirar uma obra de arte ou ler determinada literatura?
- Pense sobre os sons, imagens e aromas que movem você. Você consegue notar se prazeres como o vento suave no rosto, uma conversa íntima, um tempo tranquilo para ler ou um olhar carinhoso são importantes para você?

Relacionamentos e Ações Significativos

Seus vínculos com outras pessoas são a parte da vida mais importante para você? Lembre-se de que as conexões sociais foram associadas a melhor tolerância à dor e melhores taxas de sobrevivência. Tenha em mente que nunca é tarde demais para aprofundar relacionamentos que não são tudo o que você quer que sejam. As habilidades interpessoais apresentadas no Capítulo 7 podem ajudá-lo a expressar-se e ouvir os outros e ser escutado. Não se esqueça de que conexões apoiadoras não requerem uma ligação biológica. Talvez seu vínculo estimulante provenha de fazer parte de uma família escolhida. Talvez você seja apoiado por um relacionamento com um amigo, vizinho, colega de trabalho, prestador médico ou animal de estimação. Marsha acha que o tempo que passa com seu cachorro no colo é uma das partes mais especiais do seu dia. Ela o acha um amor e valoriza suas caminhadas matinais com ele.

Você já considerou associar-se ou envolver-se mais com um grupo na comunidade, de apoio ou terapêutico? A ligação física e emocional pode ajudá-lo a se sentir menos isolado e sozinho. Lembre-se de que pesquisas mostram que grupos de apoio a pessoas com câncer melhoram a qualidade de vida, além do bem-estar emocional e físico, com alguns estudos relatando um impacto nas taxas de sobrevivência. Além disso, a participação em grupos de apoio social, de serviços, de ioga, religiosos ou políticos algumas vezes inspira as pessoas a agirem segundo seus valores e ideais mais elevados.

Fazendo uma Diferença Significativa para os Outros

Você está dizendo a si mesmo que sua vida não é significativa porque já não consegue mais desempenhar os mesmos papéis ou fazer as mesmas coisas com os outros? A verdade é que há muitas formas diferentes de ainda ter um impacto significativo. Por exemplo, quando as pessoas já não conseguem mais fazer certas tarefas, elas algumas vezes se tornam mentoras ou conselheiras, ensinando outras. Os pais que não conseguem atender a todas as demandas de cuidar dos filhos podem facilmente subestimar o valor do tempo e atenção que são capazes de dedicar de diferentes maneiras. Embora uma mãe preferisse ter comparecido à partida de futebol do filho, ela descobriu que ainda assim poderia acompanhar o jogo e torcer por ele assistindo a transmissão direta por vídeo. Outro pai encontrou muito significado vivendo o mais plenamente possível neste momento e servindo como um modelo para seu filho de como enfrentar adversidades. Ele trabalhou com seu filho em um livro que incluía histórias familiares, tradições, valores e desejos para o futuro. Este pai percebeu que o livro e também o tempo compartilhado possibilitaram conexões valiosas para o filho.

Procure não ignorar aquilo que se apresenta como pequenas formas pelas quais você pode fazer uma diferença significativa para outras pessoas. Não ignore o efeito sobre outra pessoa quando você fala ou age de forma gentil. Às vezes, um sorriso ou uma palavra carinhosa de encorajamento, interesse ou valorização pode ser ainda mais importante do que um grande gesto. Você tem consciência do impacto que causa em outras pessoas que convivem com o câncer quando compartilha sua experiência e sabedoria?

Esforce-se ao máximo para não subestimar a diferença significativa que a sua presença física, amor e atenção fazem para seus entes queridos. Por fim, a coisa que mais importa é manter o vínculo amoroso sempre que possível e como você for capaz de fazer. Uma mãe descreveu estar sentada na cozinha com a filha e percebendo que o leite estava fora do lugar sobre o balcão e a cozinha em desordem. Quando não tinha força para nem mesmo guardar o leite, ela decidiu que sua prioridade era encontrar uma forma de tocar sua filha física e emocionalmente. Ela sabiamente escolheu usar toda sua energia para sentar-se com a filha, segurar a mão dela e concentrar-se em ouvi-la.

Significado de Dar *e* Receber

As relações significativas seguem em duas direções, amar *e* ser amado. Muitos de nós negligenciamos o valor de permitir que os outros dediquem-se a nós. Algumas vezes estamos tão ocupados nos protegendo de querer receber demais ou de nos sentirmos carentes que podemos não permitir que outros se aproximem para nos tocar. Podemos nos privar da importância de sentir amor e o apoio pleno dessas pessoas. Mais ainda, podemos involuntariamente privar uma pessoa amada da oportunidade de se sentir amorosa e efetiva fazendo a diferença para nós.

Lembre-se de como meu orgulho quase me impediu de permitir que minha irmã viesse ao hospital. Quando eu estava do outro lado da situação, aprendi uma lição valiosa. Uma amiga seriamente doente me pediu para ajudá-la a encontrar uma farmácia que tivesse um medicamento difícil de achar. O marido dela ficou incomodado por ela ter me pedido para fazer algo que demandava tanto tempo e esforço. Fiquei impressionada com sua sabedoria quando ela lhe disse que me permitir fazer algo tão vital para ela era um sinal da nossa profunda amizade e que significava muito para mim poder fazer isso. Uma pessoa sábia sabe que permitir ajuda beneficia tanto a quem dá quanto a quem recebe.

Os pais podem achar particularmente difícil inverter os papéis e permitir que um filho lhes dê alguma coisa. Como Elena no Capítulo 7, muitos não percebem como aceitar a ajuda de um filho pode ser importante para os dois. Não querer ser um fardo e preocupar-se com o estresse que isso pode causar são reações compreensíveis. No entanto, tente não subestimar a importância para seu filho de poder expressar os sentimentos dele por você. A possibilidade de lhe prestar cuidados também pode aumentar a autoconfiança do seu filho ou filha e aprofundar o relacionamento. Uma mãe descobriu que pedir à sua filha pequena para ler lhes proporcionou um tempo compartilhado especial e foi uma fonte de grande orgulho para a filha. O filho de Art Buchwald descreve o quanto cuidar do pai moribundo o ensinou sobre "aquelas palavras antiquadas como caráter, amor, paciência e tolerância".

Significado pelo Compartilhamento de Valores e Ações Duradouros

Na verdade, mesmo que você espere viver por muito tempo, pode ser importante compartilhar valores e tradições segundo os quais você vive. Quando examinei as questões acima para identificar o que era mais significativo para mim, fui surpreendida por uma lembrança de acompanhar minha mãe, na época jovem e saudável, quando era voluntária na Sociedade Americana de Câncer. Espero que ela saiba o legado que criou para mim.

Pessoas que estão doentes podem encontrar significado particular na criação de expressões duradouras das suas emoções e do que é importante para elas. Há muitas formas diferentes de tentar deixar que os outros saibam o que foi mais significativo para você no passado, o que é importante agora e/ou quais são suas expectativas para o futuro. Por exemplo, um homem escreveu a história da sua empresa. Os filhos de outro homem o gravaram compartilhando seus momentos de maior orgulho, lições de vida e sabedoria para as gerações futuras. Ele falou sobre como gostaria de ser lembrado. Um pai fez um livro sobre as tradições familiares, valores e desejos para o futuro dos filhos.

Alguns se expressam criativamente fazendo livros de culinária com receitas da família, álbuns de fotos de lugares e eventos significativos na infância ou organizando coleções de conchas dos seus preciosos momentos na praia, ou tricotando, fazendo colchas de retalhos ou artesanato em madeira, e muito mais. Outros acham que compartilhar formas artísticas como poesia, arte, literatura ou filmes com as pessoas amadas é uma forma importante de comunicar coisas que não podem ser expressas tão facilmente em palavras.

Fontes de Significado Intangíveis

Significado também pode se originar de fontes que não podem ser vistas, ouvidas ou tocadas. Para muitos, a conexão com sua própria essência e valores é especialmente significativa. Alguns encontram fé em si mesmos e orientações preciosas quando se conectam com sua mente sábia. Acreditar no amor universal e na compaixão ou que todas as coisas estão conectadas pode representar um amparo especial para certas pessoas. Em momentos de incerteza, uma vinculação com valores como coragem, lealdade ou patriotismo pode ser inspiradora.

Trazer à mente conexões com outras pessoas também pode ser estimulante. Você pode se sentir mais seguro e menos sozinho recordando de um laço sólido com alguém que não está fisicamente perto de você neste momento. Você consegue relembrar experiências de amor e carinho que compartilhou com pessoas amadas? Considere sua ligação com pessoas amadas que vieram antes de você e fazem parte da história da sua vida. Alguns se sentem menos sozinhos quando pensam em outras pessoas que compartilharam sua experiência com o câncer. Talvez você possa formar um quadro mental de um indivíduo que conhece ou de alguém na literatura ou história que tenha trilhado o mesmo caminho que você. Talvez você encontre conforto ao pensar em um mentor ou uma figura inspiradora, como Nelson Mandela, ou alguém que represente amor, como Madre Teresa.

Significado por Sentir-se Parte de Algo Maior

Espiritualidade é uma crença pessoal em uma conexão com alguma coisa intangível além de si mesmo que pode ou não ser religiosa. Alguns indivíduos obtêm conforto por sentirem que fazem parte de uma força maior no universo. Eles se sentem revigorados quando absorvidos pelas maravilhas da ciência ou por estarem na natureza. Um homem encontrou consolo em caminhadas nas montanhas. Uma mulher que conhecemos sentia-se reconfortada ao sentir a brisa que entrava pela janela aberta ao lado da cama. E como artista, ela encontrava consolo especial ao ver a ampla paleta de cores da natureza e se sentia mais viva ao experimentar uma conexão com a beleza da vida. Você consegue se imaginar olhando para o alto vendo as estrelas brilhando e sentindo uma conexão com a forma milagrosa como elas foram criadas? Outros ainda encontram uma ligação com fontes além de si mesmos através da ioga, meditação, experiências psicodélicas ou místicas.

Alguns indivíduos encontram um senso de propósito trabalhando por uma causa maior. Um sobrevivente de câncer descreveu como seu ativismo político depois do tratamento o ajudou a sentir que estava usando sua energia para fazer a diferença no mundo depois de tanta energia que havia empregado para se manter vivo. Mas este pode não ser o momento no qual você tenha a energia física e emocional necessária para focar em algo além das suas preocupações pessoais imediatas.

Crença Religiosa

As religiões dão sentido e esperança através de palavras, ações e crenças compartilhadas. As orações, textos, rituais e fé em um poder superior compartilhados ajudam muitas pessoas a se sentirem menos alienadas e sozinhas. Talvez a sua relação com o divino lhe proporcione a experiência de ter alguém ou alguma coisa sempre com você, ou uma pessoa amada que o ama, se preocupa com você e o está ouvindo. A crença em Deus foi descrita como "o apoio social máximo diante da adversidade". Para alguns, a crença religiosa oferece formas de entender um mundo enigmático ou de encontrar conforto na esperança de vida após a morte.

Por exemplo, uma mulher em torno dos 70 anos com câncer avançado compartilhou como a fé que tinha em Deus a ajudou a se sentir menos devastada quando recebeu o mesmo diagnóstico que quatro amigos que já não estavam mais vivos. Ela sentia que Deus sempre estaria com ela e a apoiaria. Ela nunca questionou "Por que eu?", mas pensava "Por que não eu?". Ela acreditava que, independentemente do que acontecesse, seria a vontade de Deus.

Embora ela tenha literalmente voado até Lurdes para se banhar em suas águas sagradas, suas orações não eram por um milagre, mas para ajudá-la a aceitar o que quer que acontecesse. Aceitar a vontade de Deus não significava desistir ou não lutar pela sua saúde. Com esperança, tentava todas as opções medicamentosas possíveis. Ela contou a versão de uma história sobre um homem que havia morrido em uma enchente para ilustrar a diferença entre aceitar a vontade de Deus e desistir.

Quando começou a chover torrencialmente, o homem disse que tinha fé em Deus e não ficou preocupado. Ele se recusou a entrar no barco que veio resgatá-lo. Quando começou a enchente, ele subiu para o telhado. Depois disso, ele mandou embora o helicóptero que veio resgatá-lo. Quando mais tarde chegou ao paraíso, perguntou a Deus o que havia acontecido. Deus respondeu: "Você não viu o barco e o helicóptero que eu mandei para você?".

O rabino Harold Kushner expressa uma visão semelhante: "As pessoas que oram por milagres geralmente não os recebem. Mas as pessoas que oram por coragem, por força para suportar o insuportável, pela graça de lembrar o que ainda têm em vez do que perderam, muito frequentemente têm suas orações atendidas".

Ela achava que sua capacidade de aceitar o que acontecesse era uma afirmação da vida. Agora, cinco anos depois do diagnóstico inicial, ela recebeu a notícia de que estava curada do câncer. Ela diz que tem mais consciência da dádiva da vida e trabalha ativamente para usar todo o tempo que tem com sabedoria e alegria.

Seu Próprio Coração

Ter acesso às *suas* fontes de significado, conforto, esperança e um senso de pertencimento pode ser extremamente valioso neste momento. Seu consolo pode se vir de relacionamentos com outras pessoas, de conexões tangíveis ou intangíveis com uma força maior, tradições religiosas e/ou a força superior de acordo com suas crenças. Questões relacionadas a propósito, fé e espiritualidade são agora consideradas um elemento essencial do tratamento ideal de apoio a pacientes com câncer avançado. Embora a espiritualidade seja um dos muitos fatores, ela tem sido associada a melhor funcionamento imunológico, risco mais baixo de desenvolvimento de câncer, maior saúde física e emocional, tolerância à dor e sobrevivência.

Se você estiver se sentindo sozinho, com dúvidas ou alienado, procure ter em mente que outros já se sentiram assim. Em momentos desafiadores, as relações humanas e/ou espirituais podem nem sempre oferecer tudo o que queremos e precisamos. Esforce-se ao máximo para lembrar que os relacionamentos não são simplesmente pretos *ou* brancos, perfeitos *ou* inúteis. Pode não ser do seu interesse apenas abandonar uma conexão interpessoal decepcionante. Emoções e pensamentos mudam. As relações podem evoluir. Algumas pessoas se surpreendem ao descobrir quanta paz, força e consolo encontram em relações pessoais, espirituais e/ou comunitárias que durante um tempo pareceram inadequadas. Às vezes elas renovam uma conexão ou descobrem um laço diferente.

Outros podem nem sempre compartilhar a mesma fonte de conforto que a sua ou encontrá-la da mesma maneira. Uma mulher confidenciou que reza muitas vezes por dia, mas que o marido, em outros aspectos tão amoroso e apoiador, nunca compreendeu isso. Alguns preferem expressar suas emoções isoladamente; alguns podem querer se juntar a outros. Dúvida, medo, anseios, esperanças, desejos ou gratidão podem ser expressos em oração. Mas pensamentos e emoções não precisam necessariamente ser direcionados a Deus ou a um objeto de adoração. É possível usar leituras seculares, meditações, canções ou afirmações pessoais em suas próprias palavras para comunicar o que se passa no seu coração. Ocasiões significativas podem ser marcadas por rituais religiosos ou por ações simbólicas seculares, como o costume de tocar um sino no fim da quimioterapia. Um homem descreveu o conforto que sentiu quando um dos funcionários do hospital fez com que sua família desse as mãos, compartilhasse com ele o que havia sido significativo em cada um dos seus relacionamentos e expressasse suas esperanças para o futuro. Considere consultar um religioso, um capelão, um assistente social, livros ou a internet para encontrar opções para marcar um momento e expressar suas emoções de formas que possam ajudá-lo a se sentir mais compreendido, validado e menos sozinho.

Uma Palavra Final

Conviver com o câncer pode estar entre as coisas mais difíceis que você já fez. Você pode ter seu equilíbrio abalado. A vida pode parecer mais sombria. No entanto, você sempre tem uma escolha sobre como jogar as cartas que lhe foram dadas. Mesmo que não tenha todo o controle que quer, sua voz e coração ainda são importantes. Suas ações podem fazer diferença. Você pode escolher usar algumas das habilidades apresentadas neste livro.

Você pode dar o melhor de si para enfrentar honestamente o que está acontecendo. Você pode tentar focar no presente, tendo em mente que a mudança é constante e sempre existe outra perspectiva na sua situação. O enfrentamento é um ato de busca de equilíbrio, e é possível adaptar a forma como você sente e pensa. Mesmo quando a vida parece sombria, existe luz e esperança. Prestar atenção aos seus pensamentos, emoções e sensações corporais e dar os passos para impactar essa interação pode ajudá-lo a lidar com a sua situação de uma maneira diferente.

Mesmo que não possa conhecer o futuro, você tem a opção de decidir se embalar no balanço da vida no presente. Você pode escolher viver da forma mais plena e significativa possível neste momento.

Notas

Introdução

Página 1: Estudos mostraram que o apoio psicossocial a pacientes com câncer pode com frequência melhorar a qualidade de vida e as taxas de sobrevivência.

Andersen, B. L., Thornton, L. M., Shapiro, C. L., Farrar, W. B., Mundy, B. L., Yang, H. C., et al. (2010). Biobehavioral, immune, and health benefits following recurrence for psychological intervention participants. *Clinical Cancer Research, 16*(12), 3270–3278.

Andersen, B. L., Yang, H. C., Farrar, W. B., Golden- Kreutz, D. M., Emery, C. F., Thornton, L. M., et al. (2008). Psychological intervention improves survival for breast cancer patients: A randomized clinical trial. *Cancer, 113*(12), 3450–3458.

Hoyt, M. A., Stanton, A. L., Bower, J. E., Thomas, K. S., Litwin, L. S., Breen, E. C., et al. (2013). Inflammatory biomarkers and emotional approach coping in men with prostate cancer. *Brain, Behavior, and Immunity, 32,* 173–179.

Jacobsen, P., & Andrykowski, M. (2015). Tertiary prevention in cancer care: Understanding and addressing the psychological dimensions of cancer during the active treatment period. *American Psychologist, 70*(2) 134–145.

Stanton, A. L., Danoff-Burg, S., Cameron, C. L., Bishop, M., Collins, C. A., Kirk, S. B., et al. (2000). Emotionally expressive coping predicts psychological and physical adjustment to breast cancer. *Journal of Consulting and Clinical Psychology, 68*(5), 875–882.

Página 1: Apesar disso, o tratamento social e emocional não acompanhou o ritmo do notável progresso médico.

Institute of Medicine, Committee on Psyschosocial Services to Cancer Patients/Families in a Community Setting. (2008). Cancer care for the whole patient: Meeting psychosocial health needs. Washington, DC: National Academies Press.

Página 5: Não podemos mudar as cartas que são distribuídas, apenas a forma como jogamos com elas.

Pausch, R., & Zaslow, J. (2008). *The last lecture.* New York: Hyperion.

Capítulo 1

Página 8: Em um estudo clássico do Memorial Sloan-Kettering sobre os sintomas preocupantes dos pacientes, quatro das cinco principais inquietações eram sobre suas reações emocionais.

Portenoy, R. K., Thaler, H. T., Kornblith, A. B., Lepore, J. M., Friedlander-Klar, H., Kiyasu, E., et al. (1994). The Memorial Symptom Assessment Scale: An instrument for the evaluation of symptom prevalence, characteristics and distress. *European Journal of Cancer, 30A*(9), 1326–1336.

Página 10: Medo, tristeza e raiva são consideradas as respostas emocionais mais comuns a um diagnóstico de câncer.

Jacobsen, P., & Andrykowski, M. (2015). Tertiary prevention in cancer care: Understanding and addressing the psychological dimensions of cancer during the active treatment period. *American Psychologist, 70*(2), 134–145.

Moorey, S., & Greer, S. (2012). *Oxford guide to CBT for people with cancer*. Oxford, UK: Oxford University Press.

Portenoy, R. K., Thaler, H. T., Kornblith, A. B., Lepore, J. M., Friedlander-Klar, H., Kiyasu, E., et al. (1994). The Memorial Symptom Assessment Scale: An instrument for the evaluation of symptom prevalence, characteristics and distress. *European Journal of Cancer, 30A*(9), 1326–1336.

Página 14: O cérebro funciona como velcro para pensamentos negativos e como teflon para os positivos.

Hanson, R. (2009). *Buddha's brain: The practical neuroscience of happiness, love and wisdom*. Oakland, CA: New Harbinger.

Página 16: Na mente sábia, você expressa as emoções flexivelmente para realizar um enfrentamento mais efetivo.

Westphal, M., Seivert, N. H., & Bonanno, G. A. (2010). Expressive flexibility. *Emotion, 10*, 92–100.

Capítulo 2

Página 24: Pesquisas mostraram que estar consciente do sofrimento físico e emocional melhora a sua habilidade de enfrentamento em muitos aspectos.

Levitt, J. T., Brown, T. A., Orsillo, S. M., & Barlow, D. H. (2004). The effects of acceptance versus suppression of emotion on subjective and psychophysiological response to carbon dioxide challenge in patients with panic disorder. *Behavior Therapy, 35*(4), 747–766.

Paulson, S. R., Davidson, R., Jha, A., & Kabat-Zinn, J. K. (2013). Becoming conscious: The science of mindfulness. *Annals of the New York Academy of Sciences, 1303*, 87–104.

Zeidan, F. K., Martucci, R., Kraft, N., Gordon, J., McHaffrie, J., & Coghill, R. (2011). Brain mechanisms supporting the modulation of pain by mindfulness meditation. *Journal of Neuroscience, 14,* 5540-5548.

Página 24: A prática de *mindfulness* demonstrou ajudar pacientes com câncer a diminuir a depressão.

Godfrin, K. A., & van Heeringen, C. (2010). The effects of mindfulness-based cognitive therapy on recurrence of depressive episodes, mental health and quality of life: A randomized controlled study. *Behaviour Research and Therapy, 48,* 738-746.

Greeson, J. M., Smoski, M. J., Suarez, E. C., Brantley, J. G., Ekblad, A. G., & Lynch, T. R. (2015). Decreased symptoms of depression after mindfulness-based stress reduction: Potential moderating effects of religiosity, spirituality, trait mindfulness, sex, and age. *Journal of Alternative and Complementary Medicine, 21*(3), 166-174.

Gross, C. R., Kreitzer, M. J., Reily-Spong, M., Winbush, N. Y., Schomaker, E. K., & Thomas, W. (2009). Mindfulness meditation training to reduce symptom distress in transplant patients: Rationale, design, and experience with a recycled waitlist. *Clinical Trials, 6*(1),76-89.

Página 24: Reduzir a ansiedade e o estresse.

Blaes, A. H., Fenner, D., Bachanova, V., Torkelson, C. J., Geller, M. A., & Hadded, T. (2016). Mindfulness-based cancer recovery in survivors recovering from chemotherapy and radiation, *Journal of Community and Supportive Oncology, 14*(8), 351-358.

Kabat-Zinn, J., Massion, A. O., Kristeller, J., Peterson, L. G., Fletcher, D. E., Pbert, L., et al. (1992). Effectiveness of a meditation-based stress reduction program in the treatment of anxiety disorders. *American Journal of Psychiatry, 149,* 936-943.

Kim, Y. H., Kim, H. J., Ahn, S. D., Seo, Y. J., & Kim, S. H. (2013). Effects of meditation on anxiety, depression, fatigue, and quality of life of women undergoing radiation therapy for breast cancer. *Complementary Therapies in Medicine, 21*(4), 379-387.

Página 24: Minimizar as dificuldades com o sono e a fadiga.

Blaes, A. H., Fenner, D., Bachanova, V., Torkelson, C. J., Geller, M. A., & Hadded, T. (2016). Mindfulness-based cancer recovery in survivors recovering from chemotherapy and radiation, *Journal of Community and Supportive Oncology, 14*(8), 351-358.

Kim, Y. H., Kim, H. J., Ahn, S. D., Seo, Y. J., & Kim, S. H. (2013). Effects of meditation on anxiety, depression, fatigue, and quality of life of women undergoing radiation therapy for breast cancer. *Complementary Therapies in Medicine, 21*(4), 379-387.

Página 24: Melhorar a tolerância à dor física.

Chiesa, A., & Serretti, A. (2011). Mindfulness-based interventions for chronic pain: A systematic review of the evidence. *Journal of Alternative and Complementary Medicine, 17*(1), 83-93.

Zeidan, F., Martucci, K. T., Kraft, R. A., Gordon, N. S., McHaffie, J. G., & Coghills, R. C. (2011). Brain mechanisms supporting the modulation of pain by mindfulness meditation. *Journal of Neuroscience, 31*(14), 5540-5548.

Página 24: Impactar o funcionamento imunológico.

Creswell, J. D., Myers, H. F., Cole, S. W., & Irwin, M. R. (2009). Mindfulness meditation training effects on CD4+ T lymphocytes in HIV-1 infected adults: A small randomized controlled trial. *Brain, Behavior, and Immunity, 23*(2), 184-188.

Davidson, R. J., Schumacher, J. R., Muller, D., Urbanowski, F., Bonus, K., & Kabat-Zinn, J. (2003). Alterations in brain and immune function produced by mindfulness meditation. *Psychosomatic Medicine, 65,* 564-570.

Página 24: Aumentar a empatia/compaixão.

Birnie, K., Speca, M., & Carlson, L. E. (2010). Exploring self-compassion and empathy in the context of mindfulness-based stress reduction (MBSR). *Stress and Health, 26,* 359-371.

Capítulo 3

Página 36: Suprimir emoções pode atrapalhar o enfrentamento efetivo. Bloquear emoções as intensifica.

Campbell-Sills, L., Barlow, D. H., Brown, T. A., & Hofmann S. G. (2006). Effects of suppression and acceptance on emotional responses of individuals with anxiety and mood disorders. *Behaviour Research and Therapy, 44,* 1251-1263.

Gross, J. J., & Levenson, R. W. (1997). Hiding feelings: The acute effects of inhibiting negative and positive emotion. *Journal of Abnormal Psychology, 106,* 95-103.

Página 36: Pacientes com câncer que conseguiram entender, categorizar e nomear suas emoções apresentaram melhora no enfrentamento emocional e outros benefícios à saúde, como níveis mais baixos de inflamação.

Hoyt, M., Stanton, A. L., Bower, J. E., Thomas, K. S., Litwin, M. S., Breen, E. C., et al. (2013). Inflammatory biomarkers and emotional approach coping in men with prostate cancer. *Brain, Behavior, and Immunity, 32,* 173-179.

Stanton, A. L., Danoff-Burg, S., Cameron, C. L., Bishop, M., Collins, C. A., & Kirk, S. B. (2000). Emotionally expressive coping predicts psychological and physical adjustment to breast cancer. *Journal of Consulting and Clinical Psychology, 68*(5), 875-882.

Stanton, A. L., & Low, C. A. (2012). Expressing emotions in stressful contexts: Benefits, moderators, and mechanisms. *Current Directions in Psychological Science, 21*(2), 124-128.

Página 37: Demonstrar emoções abertamente comunica confiabialidade e aumenta a conexão social.

Boone, R. T., & Buck, R. (2003). Emotional expressivity and trustworthiness: The role of nonverbal behavior in the evolution of cooperation. *Journal of Nonverbal Behavior, 27,* 163-182.

Feinberg, M., Willer, R., Stellar, J., & Keltner, D. (2012). The virtues of gossip: Reputational information sharing as prosocial behavior. *Journal of Personality and Social Psychology, 102*(5), 1015-1030.

Mauss, I. B., Shallcross, A. J., Troy, A. S., John, O. P., Ferrer, E., Wilhelm, F. H., et al. (2011). Don't hide your happiness!: Positive emotion dissociation, social connectedness, and psychological functioning. *Journal of Personality and Social Psychology, 100*(4), 738–748.

Página 37: Fisiologicamente, esta emoção, ou qualquer emoção nesse sentido, dura apenas cerca de 90 segundos.

Siegel, D. (2013). *Brainstorm: The power and purpose of the teenage brain.* New York: Jeremy P. Tarcher/Penguin.

Taylor, J. B. (2008). *My stroke of insight: A brain scientist's personal journey.* New York: Penguin.

Página 41: Rotular uma emoção acalma o sistema nervoso central.

Badenoch, B. (2008). *Being a brain-wise therapist: A practical guide to interpersonal neurobiology.* New York: Norton.

Página 45: A desaceleração da frequência cardíaca ativa o sistema nervoso parassimpático.

Jerath, R., Edry, J. W., Barnes, V. A., & Jerath, V. (2006). Physiology of long pranayama breathing: Neural respiratory elements may provide a mechanism that explains how slow deep breathing shifts the autonomic nervous system. *Medical Hypotheses, 67*(3), 566–571.

Thayer, J. F., & Steinberg, E. (2006, November). Beyond heart rate variability: Vagal regulation of allostatic systems. *Annals of the New York Academy of Sciences, 1088*(1), 361–372.

Capítulo 4

Página 47: Mais de 51% dos pacientes com câncer pesquisados disseram que sua necessidade mais importante era lidar com o medo.

Breitbart, W. (2002). Spirituality and meaning in supportive care: Spiritualityand meaning-centered group psychotherapy interventions in advanced cancer. *Support Care Cancer, 10*(4), 272–280.

Página 50: As estratégias de *mindfulness* demonstraram desenvolver mais resiliência ao estresse.

Lerner, R., Zeichner, S. B., & Kibler, J. (2013). Relationship between mindfulness-based stress reduction and immune function in cancer and HIV/AIDS. *Current Oncology, 2*, 62–72.

McGonigal, K. (2015). *The upside of stress.* New York: Penguin Random House.

Página 52: Um mantra de pensamento positivo pode ser um fardo injusto se implicar que suas emoções naturais são simplesmente resultado de uma atitude ruim ou se fizer com que você se culpabilize pela sua condição médica.

De Raeve, L. (1997). Positive thinking and moral oppression in cancer care. *European Journal of Cancer Care, 6*(4), 249–256.

Ehrenreich, B. (2009). *Bright sided: How the relentless promotion of positive thinking has undermined America*. New York: Metropolitan Books.

Petticrew, M., Bell, R., & Hunter, D. (2002, November 9). Influence of psychological coping on survival and recurrence in people with cancer: Systematic review. *BMJ, 325*(7372), 1066.

Rittenberg, C. N. (1995). Positive thinking: An unfair burden for cancer patients? *Support Care in Cancer, 3*, 37–39.

Página 54: A ação oposta para o medo está fundamentada em tratamentos para transtornos de ansiedade baseados em exposição que são efetivamente comprovados.

Anthony, M. M., & Stein, M. B. (Eds.). (2009). *Oxford handbook of anxiety and related disorders*. New York: Oxford University Press.

Página 55: Pesquisas mostram que um abraço de 20 segundos associado a ficar de mãos dadas por 10 minutos pode reduzir sua resposta ao estresse e ansiedade.

Coan, J. A., Schaefer, H. S., & Davidson, R. J. (2006). Lending a hand: Social regulation of the neural response to threat. *Psychological Science, 17*(12), 1032–1039.

Grewen, K. M., Anderson, B. J., Girdler, S. S., & Light, K. C. (2003). Warm partner contact is related to lower cardiovascular reactivity. *Behavioral Medicine, 29*(3), 123–130.

Página 56: O fator mais importante na determinação da sua resposta à pressão é a visão que você tem da sua habilidade de lidar com ela.

McGonigal, K. (2015). *The upside of stress*. New York: Penguin Random House.

Página 57: A história completa sobre o estresse é que ele o ameaça, *mas também* o desafia.

McGonigal, K. (2015). *The upside of stress*. New York: Penguin Random House.

Página 57: Quando se sente estressado, você trabalha com mais afinco para resolver seus problemas e pode ficar motivado para procurar ajuda.

Buchanan, T. W., & Preston, S. D. (2014). Stress leads to prosocial action in immediate need situations. *Frontiers in Behavioral Neuroscience, 8*(5), 1–6.

Crum, A., Salovey, P., & Achor, S. (2011). Evaluating a mindset training program to unleash the enhancing nature of stress. *Academy of Management Proceedings, 1*, 1–6.

Taylor, S. E. (2006). Tend and befriend: Bio-behavioral bases of affiliation under stress. *Current Directions in Psychological Science, 15*(6), 273–277.

von Dawans, B., Fischbacher, U., Kirschbaum, C., Fehr, E., & Heinrichs, M. (2012). The social dimension of stress reactivity: Acute stress increases prosocial behavior in humans. *Psychological Science, 23*(6), 651–660.

Página 57: Pesquisas mostram que uma visão mais completa e mais equilibrada, que considere tanto o lado positivo quanto o lado negativo do estresse, empodera as pessoas a assumirem o controle sobre a forma maneira como respondem.

Crum, A. J., Akinola, M., Martin, A., & Fath, S. (2017). The role of stress mindset in shaping cognitive, emotional, and physiological responses to challenging and threatening stress, *Anxiety, Stress, and Coping, 30*(4), 379–395.

Crum, A. J., Corbin, W. R., Brownell, K. D., & Salovey, P. (2011). Mind over milkshakes: Mindsets, not just nutrients, determine ghrelin response. *Health Psychology, 30*(4), 424–429.

Crum, A. J., & Langer, E. J. (2007). Mind-set matters: Exercise and the placebo effect. *Psychological Science, 18*(2), 165–171.

Página 57: Pessoas que veem o desafio e, também, a ameaça do estresse demonstraram ter mais chances de confiar em si mesmas para lidar com a situação e fazer frente ao desafio. Sua resiliência, na verdade, aumenta.

Aerni, A., Traber, R., Hock, C., Roozendaal, B., Schelling, G., Papassotiropoulos, A., et al. (2004). Low-dose cortisol for symptoms of posttraumatic stress disorder. *American Journal of Psychiatry, 161*(8), 1488–1490.

Jamieson, J. P., Mendes, W. B., & Nock, M. K. (2013). The power of reappraisal. *Current Directions in Psychological Science, 22*, 51–56.

Keller, A., Litzelman K., Wisk, L. E., Maddox, T., Cheng, E. R., & Creswell, P. D. (2011). Does the perception that stress affects health matter? The association with health and mortality. *Health Psychology, 31*(5), 677–684.

Página 61: Um estudo relata que até 80% dos pacientes com câncer têm problemas com o sono durante o tratamento. O distúrbio do sono pode se originar da medicação e/ou do estresse e ansiedade.

Carlson, L. E., & Garland, S. N. (2005). Impact of mindfulness-based stress reduction (MBSR) on sleep, mood, stress, and fatigue symptoms in cancer outpatients. *International Journal of Behavioral Medicine, 12*(4), 278–285.

Savard, J., & Morin, C. M. (2001). Insomnia in the context of cancer: A review of a neglected problem. *Journal of Clinical Oncology, 19*(3), 895–908.

Página 61: Tome cuidado com os pensamentos no meio da noite, quando as preocupações parecem ser ainda mais catastróficas do que à luz do dia.

Harvery, A. G., & Greenall, E. (2003, March). Catastrophic worry in primary insomnia. *Experimental Psychiatry, 34*(1), 11–23.

Capítulo 5

Página 64: A tristeza pode facilitar o luto construtivo.

Bonanno, G. A. (2009). *The other side of sadness: What the new science of bereavement tells us about life after loss.* New York: Basic Books.

Bonanno, G. A., Goorin, L., & Coifman, K. G. (2008). Sadness and grief. In M. Lewis, J. M. Haviland-Jones, & L. F. Barrett (Eds.), *Handbook of emotions* (3rd ed., pp. 797–810). New York: Guilford Press.

Página 64: Estudos mostram que pessoas tristes se tornam mais autoperceptivas.
Bodenhausen, G. V., Sheppard, L. A., & Kramer, G. P. (1994). Negative affect and social judgment: The differential impact of anger and sadness. *European Journal of Social Psychology, 24,* 45–62.

Página 64: Quando as pessoas se sentem tristes, elas parecem tristes; sua aparência desperta simpatia e transmite uma mensagem irrefutável de que conexão e apoio são necessários.
Bonanno, G. A., & Keltner, D. (1997). Facial expressions of emotion and the course of conjugal bereavement. *Journal of Abnormal Psychology, 106,* 126–137.

Página 64: Pesquisas mostram que o pesar também ajuda a construir compaixão e empatia. Pessoas tristes algumas vezes se tornam mais ponderadas e menos tendenciosas em suas percepções dos outros.
Eisenberg, N., Fabes, R., Miller, P., Fultz, J., Shell, R., Mathy, R. M., et al. (1989). Relation of sympathy and distress to prosocial behavior: A multimethod study. *Journal of Personality and Social Psychology, 57,* 55–66.

Página 65: Estudos mostram que pessoas que usam habilidades de *mindfulness* frequentemente avançam mais rápido pelos estágios iniciais do luto e demonstram reduções significativas na depressão e ansiedade.
Sagula, D., & Rice, K. (2004). The effectiveness of mindfulness training on the grieving process and emotional well-being of chronic pain patients. *Journal of Clinical Psychology in Medical Settings, 11*(4), 333–342.

Página 67: Quando estão tristes, as pessoas podem fazer julgamentos e suposições negativas sobre si mesmas, sobre suas estratégias de enfrentamento e seus relacionamentos.
Gilbert, P. (2009). *Overcoming depression*. New York: Basic Books.

Nezu, A., Nezu, C., & D'Zurilla, T. (2007). *Solving life's problems: A 5-step guide to enhanced well-being*. New York: Springer.

Nezu, A., Nezu, C., & D'Zurilla, T. (2012). *Problem-solving therapy: A treatment manual*. New York: Springer.

Nezu, A., Nezu, C., Friedman, S., Faddis, S., & Houts, P. (1999). *Helping cancer patients cope: A problem-solving approach*. Washington, DC: American Psychological Association Press.

Página 68: A tristeza faz parte de um quadro maior que abrange diferentes formas de enxergar as situações, incluindo a presença de verdades que sejam contraditórias ao mesmo tempo.
Stroebe, M., & Schut, H. (1999). The dual process model of coping with bereavement: Rationale and description. *Death Studies, 23*(3), 197–224.

Página 69-70: Uma perspectiva mais completa e equilibrada estimula a resiliência. Ainda por cima, construir emoções positivas pode reduzir a probabilidade de depressão e fortalece o sistema imunológico.

Bono, J., Glomb, T., Shen, W., Kim, E., & Koch, A. (2013). Building positive resources: Effects of positive events and positive reflection on work stress and health. *Academy of Management Journal, 56*(6), 1–27.

Davidson, R. J., Kabat-Zinn, J., Schumacher, M., Rosenkranz, D., Muller, S. Santorelli, F., et al. (2003). Alterations in brain and immune function produced by mindfulness mediation. *Psychosomatic Medicine, 65*(5), 64–70.

Página 71: Pesquisas mostram que ao menos tentar reconhecer alguma dádiva pode valer a pena para você.

Emmons, R. A., & McCullough, M. E. (2003). Counting blessings versus burdens: An experimental investigation of gratitude and subjective well-being in daily life. *Journal of Personality and Social Psychology, 84*, 377–389.

Página 72: Procure tentar uma estratégia respiratória denominada respiração Ha.

Brown, R., & Gerbarg, P. (2012). *The healing power of the breath: Simple techniques to reduce stress and anxiety, enhance concentration, and balance your emotions.* Boston: Shambhala.

Página 74: O humor ajuda a tornar o luto suportável e foi relatado que estimula o estado de ânimo, fortalece o funcionamento do sistema imunológico, diminui a dor e protege contra os efeitos prejudiciais do estresse. Riso e sorriso sinceros são contagiosos e encorajam conexões mais agradáveis com os outros.

Bonanno, G. A. (2009). *The other side of sadness: What the new science of bereavement tells us about life after loss.* New York: Basic Books, p. 37.

Página 74: Pesquisas mostram que fazer um gracejo quando as coisas não vão bem melhora o enfrentamento a longo prazo.

Ibid, p. 38.

Página 74: Quanto mais as pessoas enlutadas riam e sorriam nos primeiros meses de uma perda, melhor era sua saúde mental durante os dois anos seguintes.

Ibid, p. 646.

Página 74: A construção de maestria demonstrou aumentar a resistência ao estado depressivo.

Diener, E., & Seligman, M. E. P. (2002). Very happy people. *Psychological Science, 13*(1), 81–84.

Página 75: Escrever sobre experiências satisfatórias estimula o humor positivo.

Frattaroli, J. (2006). Experimental disclosure and its moderators: A meta-analysis. *Psychological Bulletin, 132*, 823–865.

Low, C. A., Stanton, A. L., & Danoff-Burg, S. (2006). Expressive disclosure and benefit finding among breast cancer patients: Mechanisms for positive health effects. *Health Psychology, 25*(2), 181–189.

Pennebaker, J. W., & Smyth, J. M. (2016). *Opening up by writing it down: How expressive writing improves health and eases emotional pain*. New York: Guilford Press.

Smyth, J. M. (1998). Written emotional expression: Effect sizes, outcome types, and moderating variables. *Journal of Consulting and Clinical Psychology, 66*, 174–184.

Página 75: Quanto mais as pessoas ajudam outras pessoas, menos deprimidas se sentem.

Cristea, I. A., Legge, E., Prosperi, M., Guazzelli, M., David, D., & Gentili, C. (2014). Moderating effects of empathic concern and personal distress on the emotional reactions of disaster volunteers. *Disasters, 8*(4), 740–752.

Grant, A. M., & Sonnentag, S. (2010). Doing good buffers against feeling bad: Prosocial impact compensates for negative task and self-evaluations. *Organizational Behavior and Human Decision Processes, 111*, 13–22.

Sullivan, G. B., & Sullivan, M. J. (1997). Promoting wellness in cardiac rehabilitation: Exploring the role of altruism. *Journal of Cardiovascular Nursing, 11*(3), 43–52.

Capítulo 6

Página 78: Hostilidade intensa pode colocar em perigo relacionamentos ou deixar você se sentindo sem controle ou envergonhado.

Burns, J. W., Higdon, L. J., Mullen, J. T., Lansky, D., & Wei, J. M. (1999). Relationships among patient hostility, anger expression, depression, and the working alliance in a work hardening program. *Annals of Behavioral Medicine, 21*(1), 77–82.

Página 78: A raiva pode impactar o sistema imunológico ou piorar a dor.

Burns, J. W., Johnson, B. J., Devine, J., Mahoney, N., & Pawl, R. (1998). Anger management style and the prediction of treatment outcome among male and female chronic pain patients. *Behavioral Research Therapy, 36*, 1051–1062.

Greenwood, K., Thurston, R., Rumble, M., Waters, S. J., & Keefe, F. J. (2003). Anger and persistent pain: Current status and future directions. *Pain, 103*(1), 1–5.

Hatch, J. P., Schoenfeld, L. S., Boutros, N. N., Seleshi, E., Moore, M. A., & CyrProvost, M. (1991). Anger and hostility in tension-type headache. *Headache, 31*, 302–304.

Okifuji, A., Turk, D. C., & Curran, S. L. (1999). Anger in chronic pain: Investigations of anger targets and intensity. *Journal of Psychosomatic Research, 47*(1), 1–12.

Página 80: Quando você ignora as emoções, a dor que sente, às vezes, pode ser mais intensa, você pode ficar mais abalado ou seus relacionamentos podem ficar comprometidos.

Duckro, P. N., Chibnall, J. T., & Tomazic, T. J. (1995). Anger, depression, and disability: A path analysis of relationships in a sample of chronic posttraumatic headache patients. *Headache,* 3(5), 7–9.

Kerns, R. D., Rosenberg, R., & Jacob, M. C. (1994). Anger expression and chronic pain. *Journal of Behavioral Medicine,* 17, 57–67.

Tschannen, T. A., Duckro, P. N., Margolis, R. B., Tomazic, T. J. (1992). The relationship of anger, depression, and perceived disability among headache patients. *Headache,* 32, 501–503.

Página 80: A mera previsão de dor foi suficiente para provocar raiva em indivíduos sadios.

Berkowitz, L., & Thomas, P. (1987). Pain expectation, negative affect, and angry aggression. *Motivational Emotion,* 11, 183–193.

Página 82: Até mesmo uma caminhada leve algumas vezes pode ajudá-lo a sentir e pensar de modo diferente.

Carlson, L., & Speca, M. (2010). *Mindfulness-based cancer recovery: A step-bystep MBSR approach to help you cope with treatment and reclaim your life.* Oakland, CA: New Harbinger.

Página 86: Estratégias de imagens mentais demonstraram ajudar pacientes com câncer a tolerar a dor e outras situações estressantes.

Baider, L., Uziely, B., & Kaplan De-Nour, A. (1994). Progressive muscle relaxation and guided imagery in cancer patients. *General Hospital Psychiatry,* 16, 340–347.

Kwekkeboom, K. L., Kneip, J., & Pearson, L. (2003). A pilot study to predict success with guided imagery for cancer pain. *Pain Management Nursing,* 4(3), 112–123.

Lang, E. V., Ward, C., & Laser, E. (2010). Effect of team training on patients' ability to complete MRI examinations. *Academic Radiology,* 17, 18–23.

Página 87: Pesquisas mostraram que a autocompaixão na verdade fortalece e motiva a pessoa a ser proativa.

Neff, K. D., & Dahm, K. A. (2015). Self-compassion: What it is, what it does, and how it relates to mindfulness. In B. Ostafin, M. Robinson, & B. Meier (Eds.), *Handbook of mindfulness and self--regulation.* New York: Springer.

Página 88: Há poucas evidências consistentes de que uma mentalidade como espírito combativo, falta de esperança, impotência, negação ou evitação impacte a sobrevivência ao câncer ou a recorrência da doença.

Petticrew, M., Bell, R., & Hunter, D. (2002). Influence of psychological coping on survival and recurrence in people with cancer: Systematic review. *BMJ,* 325(7372), 1066.

Página 89: A autocompaixão se revelou efetiva na redução da raiva e da intensidade da dor. Pode beneficiar pessoas com dor crônica mesmo na ausência de outro manejo da dor. Também pode melhorar o bem-estar psicológico reduzindo a ansiedade, depressão e estresse e aumentando a capacidade para aceitar a dor.

Carson, J. W., Keefe, F. J., Lynch, T. R. Carson, K. M., Goli, V., Fras, A. M., et al. (2005). Loving-kindness meditation for chronic low back pain: Results from a pilot trial. *Journal of Holistic Nursing, 23*, 287–304.

Chapin, H. L., Darnall, B. D., Seppala, E. M., Doty, J. R., Hah, J. M., & Mackey, S. C. (2014). Pilot study of a compassion meditation intervention in chronic pain. *Journal of Compassionate Health Care, 1*(4).

Gilbert, P., McEwan, K., Catarino, F., & Baiao, R. (2014). Fears of compassion in a depressed population: Implication for psychotherapy. *Journal of Depression and Anxiety, S2*(1).

Hofmann, S. G., Grossman, P., & Hinton, D. E. (2011). Loving-kindness and compassion meditation: Potential for psychological intervention. *Clinical Psychology Review, 31*(7), 1126–1132.

Hooria, J., Jinpa, G. T., McGonigal, K., Rosenberg, E. K., Finkelstein, J., Simon-Thomas, E., et al. (2013). Enhancing compassion: A randomized controlled trial of a compassion cultivation training program. *Journal of Happiness Studies, 14*(4), 1113–1126.

Hutcherson, C. A., Seppala, E. M., & Gross, J. J. (2008). Loving kindness meditation increases social connectedness. *Emotion, 8*(5), 720–724.

Página 89: As pessoas que reconhecem a universalidade das suas emoções e sua humanidade compartilhada, e lembram que outros também estão sofrendo, são mais felizes, mais resilientes e mais satisfeitas com a vida.

McGonigal, K. (2015). *The upside of stress*. New York: Penguin Random House.

Página 89: Para usar a autoinstrução compassiva.

Trechos de autoinstrução adaptados de Bernhard, T. (2010). *How to be sick: A Buddhist-inspired guide for the chronically ill and their caregivers*. Somerville, MA: Wisdom.

Capítulo 7

Página 93: Suas conexões com os outros podem impactar a vida com câncer.

Deckx, L., den Akker, M., & Buntinx, F. (2014). Risk factors for loneliness in patients with cancer: A systematic literature review and meta-analysis. *European Journal of Oncology Nursing, 18*(5), 466–477.

Guntupalli, S., & Karinch, M. (2017). *Sex and cancer: Intimacy, romance, and love after diagnosis and treatment*. New York: Rowman & Littlefield.

Rokach, A., Findler, L., Chin, J., Lev, S., & Kollender, Y. (2013). Cancer patients, their caregivers, and coping with loneliness. *Psychology, Health and Medicine, 18*(2), 135–144.

Wells, M. (2008). The loneliness of cancer. *European Journal of Oncology Nursing, 12*, 410–411.

Página 93: Embora alguns possam se preocupar com a possibilidade de o câncer criar tensão nos relacionamentos, a vivência com a doença também tem o poder de aprofundá-los e melhorá-los.

Manne, S., Ostroff, J., Winkel, G., Goldstein, L., Fox, K., & Grana, G. (2004). Posttraumatic growth after breast cancer: Patient, partner, and couple perspectives. *Psychosomatic Medicine, 66*, 442–454.

Tedeschi, R., & Calhoun, L. (2004) Posttraumatic growth: Conceptual foundations and empirical evidence. *Psychological Inquiry, 15*(1).

Página 94: Pessoas jovens podem achar particularmente difícil ficar distantes do senso normal de pertencimento e comunidade.

Kelly, D., Pearce, S., & Mullhall, A. (2004). Being in the same boat: Ethnographic insights into an adolescent cancer unit. *International Journal of Nursing Studies, 41*, 847–857.

Página 100: Diante de crises algumas pessoas encontram reservatórios de força antes inexplorados.

Tedeschi, R., & Calhoun, L. (2004). Posttraumatic growth: Conceptual foundations and empirical evidence. *Psychological Inquiry, 15*(1).

Página 102: Grupos de apoio específicos para pacientes com câncer podem minimizar o isolamento, e o apoio psicossocial demonstrou ter impacto sobre a qualidade de vida de pacientes com câncer e as taxas de sobrevivência. Outros estudos associam as conexões sociais à tolerância à dor.

Andersen, B. L., Thornton, L. M., Shapiro, C. L., Farrar, W. B., Mundy, B. L., Yang, H. C., et al. (2010). Biobehavioral, immune, and health benefits following recurrence for psychological intervention participants. *Clinical Cancer Research, 16*(12), 3270–3278.

Andersen, B. L., Yang, H. C., Farrar, W. B., Golden-Kreutz, D. M., Emery, C. F., Thornton, L. M., et al. (2008). Psychological intervention improves survival for breast cancer patients: A randomized clinical trial. *Cancer, 113*, 3450–3458.

Guo, Z., Tang, H.-Y., Tang, H. L., Tan, S.-K., Feng, K.-H., Huang, Y.-C., et al. (2013). The benefits of psychosocial interventions for cancer patients undergoing radiotherapy. *Health Quality of Life Outcomes, 11*(1), 121.

House, J. S., Landis, K. R., & Umberson, D. (1988). Social relationships and health. *Science, 241*, 540–554.

House, J. S., Robbins, C., & Metzner, H. L. (1982). The association of social relationships and activities with mortality: Prospective evidence from the Tecumseh Community Health study. *American Journal of Epidemiology, 116*, 123–140.

Pinquarta, M., & Duberstein, P. (2010). Associations of social networks with cancer mortality: A meta-analysis. *Critical Reviews in Oncology/Hematology, 75*(2), 122–137.

Capítulo 8

Página 110: Uma relação apoiadora com um médico impacta significativamente o estado emocional de um paciente.

156 Notas

Meyerowitz, B. (1980). Psychosocial correlates of breast cancer and its treatments. *Psychological Bulletin, 87*(1), 108–131.

Página 113: É possível que o médico esteja tentando protegê-lo, como algumas vezes fazem os médicos que estão tentando ser sensíveis?
Gawande, A. (2010, July 26). Letting go: What should medicine do when it can't save your life? *New Yorker*.

Página 118: O câncer também pode afetar a forma como você se relaciona com aqueles com quem trabalha na comunidade ou no seu ambiente profissional.
Baxter, M. F., Newman, R., Longpré, S. M., & Polo, K. M. (2017). Occupational therapy's role in cancer survivorship as a chronic condition. *American Journal of Occupational Therapy, 71*(3).

Página 119: Alterações cognitivas leves algumas vezes referidas como "cérebro da quimioterapia" são comuns e em geral desaparecem.
Ahles, T. A., & Root, J. C. (2018). Cognitive effects of cancer and cancer treatments. *Annual Review of Clinical Psychology, 14*(5), 425–451.
Boykoff, N., Moieni, M., & Subramanian, S. K. (2009). Confronting chemo brain: An in-depth look at survivors' reports of impact on work, social networks, and health care response. *Journal of Cancer Survivorship, 3*, 223–232.
Janselins, M. C., Kesler, S. R., Ahles, T. A., & Morrow, G. R. (2014). Prevalence, mechanisms, and management of cancer-related cognitive impairment. *International Review of Psychiatry, 26*(1), 102–111.

Página 122: Compreensivelmente, a insegurança econômica pode abalar seu senso de controle.
Chou, E. Y., Bidhan, P. L., & Galinsky, A. D. (2016). Economic insecurity increases physical pain. *Psychological Science, 27*, 443–454.

Página 123: Formas como outros lidaram com dificuldades de atenção ou memória.
Newman, R. (2020). Cancer related cognitive impairment. In B. Braveman & R. Newman (Eds.), *Cancer and occupational therapy: Enabling occupational performance and participation across the lifespan*. Bethesda, MD: AOTA Press.

Capítulo 9

Página 127: Pesquisas mostraram que pessoas com câncer avançado que concentraram sua energia no que era mais significativo para elas se sentiram menos desesperançadas e deprimidas.
Brady, M. J., Peterman, A. H., Fitchett, G., Mo, M., & Cella, D. (1999). A case of including spirituality in quality of life measurement in oncology. *Psychooncology, 8*, 417–428.
Breitbart, W., & Heller, K. S. (2003). Reframing hope: Meaning-centered care for patients near the end of life. *Journal of Palliative Medicine, 6*, 979–988.

Breitbart, W., Rosenfeld, B., Pessin, H., Kaim, M., Funesti-Esch, J., Galietta, M., et al. (2000). Depression, hopelessness, and desire for hastened death in terminally ill cancer patients. *Journal of American Medical Association, 284,* 2907-2911.

McClain, C., Rosenfeld, B., & Breitbart, W. (2003). The effect of spiritual wellbeing on end-of--life despair in terminally ill cancer patients. *Lancet, 361,* 1603-1607.

Nelson, C., Rosenfeld, B., Breitbart, W., & Galietta, M. (2002). Spirituality, depression and religion in the terminally ill. *Psychosomatics, 43,* 213-220.

Página 134: Identificar o que é mais importante para você.

Adaptado de Breitbart, W., & Heller, K. S. (2003). Reframing hope: Meaning-centered care for patients near the end of life. *Journal of Palliative Medicine, 6,* 979-988.

Página 137: O filho de Art Buchwald descreve o quanto cuidar do pai moribundo o ensinou sobre "aquelas palavras antiquadas como caráter, amor, paciência e tolerância".

Strupp, J. (2007, January 19). Art Buchwald's son calls past year "a rollercoaster." *Editor and Publisher.*

Página 138: Você pode se sentir mais seguro e menos sozinho recordando de um laço sólido com alguém que não está fisicamente perto de você neste momento.

Cacioppo, J., & Patrick, W. (2008). *Loneliness: Human nature and the need for human connection.* New York: Norton.

Página 138: Outros ainda encontram uma ligação com fontes além de si mesmos através da ioga, meditação, experiências psicodélicas ou místicas.

Pollan, M. (2018). *How to change your mind: What the new science of psychedelics teaches us about consciousness, dying, addiction, depression and transcendence.* New York: Penguin Press.

Página 140: "As pessoas que oram por milagres geralmente não os recebem. Mas as pessoas que oram por coragem, por força para suportar o insuportável, pela graça de lembrar o que ainda têm em vez do que perderam, muito frequentemente têm suas orações atendidas."

Kushner, H. (1981). *When bad things happen to good people.* New York: Random House.

Página 140: Questões relacionadas a propósito, fé e espiritualidade são agora consideradas um elemento essencial do tratamento ideal de apoio a pacientes com câncer avançado.

Brady, M. J., Peterman, A. H., Fitchett, G., Mo, M., & Cella, D. (1999). A case of including spirituality in quality of life measurement in oncology. *Psychooncology, 8,* 417-428.

Breitbart, W. (2002). Spirituality and meaning in supportive care: Spirituality-and meaning--centered group psychotherapy interventions in advanced cancer. *Support Care Cancer, 10*(4), 272-280.

Página 140: Embora a espiritualidade seja um dos muitos fatores, ela tem sido associada a melhor funcionamento imunológico, risco mais baixo de desenvolvimento de câncer, maior saúde física e emocional, tolerância à dor e sobrevivência.

Brady, M. J., Peterman, A. H., Fitchett, G., Mo, M., & Cella, D. (1999). A case of including spirituality in quality of life measurement in oncology. *Psychooncology, 8,* 417–428.

Breitbart, W. (2002). Spirituality and meaning in supportive care: Spirituality-and meaning--centered group psychotherapy interventions in advanced cancer. *Support Care Cancer, 10*(4), 272–280.

Marchant, J. (2016). *Cure: A journey into the science of mind over body.* New York: Penguin Random House.

Nicholson, A., Rose, R., & Bobak, M. (2009). Association between attendance at religious services and self-reported health in 22 European countries. *Social Science and Medicine, 69,* 519–528.

Página 140: Algumas pessoas se surpreendem ao descobrir quanta paz, força e consolo encontram em relações pessoais, espirituais e/ou comunitárias que durante um tempo pareceram inadequadas. Às vezes elas renovam uma conexão ou descobrem um laço diferente.

Comunicação pessoal com a rabina Edythe Held Mencher, LCSW.

Página 141: Pensamentos e emoções não precisam necessariamente ser direcionados a Deus ou a um objeto de adoração. É possível usar leituras seculares, meditações, canções ou afirmações pessoais em suas próprias palavras para comunicar o que se passa no seu coração.

Comunicação pessoal com a rabina Edythe Held Mencher, LCSW.

Índice

Nota: *f* depois de um número de página indica uma figura.

A

Ação oposta
  medo, ansiedade e estresse e, 53-58
  raiva e, 82-84, 87-88
  tristeza e luto e, 69-76
Aceitação
  enfrentando fatos estressantes e, 22, 130-134
  medo, ansiedade e estresse e, 48-50
  prestadores médicos e, 113-115
  tristeza e, 64
  vivendo de forma significativa e, 128-131
Aceitação radical, 128-131. *Ver também* Aceitação; Enfrente os fatos
Ações e atividades, 73-76, 134-138
Ajudando os outros, 75-76, 134-137
Amargura, 78. *Ver também* Raiva
Amor, 137-141. *Ver também* Relacionamentos
Ansiedade. *Ver também* Emoções; Medo
  ação oposta e, 53-58
  antecipando, 57-60
  aspectos positivos da, 37
  circuito de *feedback* negativo e, 13-14, 47-49
  enfrentando, 48-50
  exercícios respiratórios e, 54-56
  mente sábia e, 53-54
  pensamentos e, 12
  problemas com o sono e, 61-62
  reconhecendo, 49-53
  tolerando estresse intenso e, 59-62
  verificando os fatos e, 52-54
  visão geral, 10, 12, 37, 47-48
Antecipando, 57-60, 114-115, 133-134
Apoio dos outros, 115-116, 134-137. *Ver também* Relacionamentos
Arrependimentos, 88-89
Atenção, dificuldades de, 122-124. *Ver também* Prestando atenção
Atividades prazerosas, 73-74
Audição, 73-74, 85
Autoacalmar-se, 84-87, 133-134
Autocompaixão, 88-91. *Ver também* Autoacalmar-se
Autocrítica
  enfrentando fatos estressantes e, 132
  raiva e, 81, 83-84
  relacionamentos e, 96-97
  visão geral, 9
Autocuidado, 86-89
Autoinstrução
  colegas e, 121-122
  enfrentando fatos estressantes e, 132-133
  medo, ansiedade e estresse, 55-57
  prestadores médicos e, 113-114

raiva, 88-91
relacionamentos e, 96-100, 113-114, 121-122
tristeza, 70-71
Autoinstrução compassiva, 88-91. *Ver também* Autoinstrução
Autojulgamento, 131-132. *Ver também* Julgamentos
Autorrespeito, 113-116, 122-123

C

Catastrofização, 108
Circuito de enfrentamento, 9-10
Circuito de *feedback* negativo, 13-14, 37-38, 47-49. *Ver também* Emoções; Pensamentos; Sensações físicas
Colegas, 118-125
Comportamentos, 73-76, 134-138
Conexão. *Ver* Relacionamentos
Consciência, 38, 80-81
Construindo maestria, 74-76
Consultas, 116-117. *Ver também* Prestadores médicos
Contar, 60-61
Contribuir, 75-76, 134-137
Controle, enfrentando os limites do, 78, 129-131
Conversa direta, 102-107. *Ver também* Habilidades e estratégias de comunicação
Crenças, 134-141
Crenças religiosas, 137-141
Cuidar, receber, 137. *Ver também* Apoio dos outros
Culpa, 81, 87-88

D

DBT. *Ver* Terapia comportamental dialética
DEAR MAN. *Ver também* Habilidades e estratégias de comunicação
    colegas e, 123-125
    prestadores médicos e, 115-118
    visão geral, 103-107
Decisões de tratamento, 19-20. *Ver também* Tomada de decisão
Dependendo dos outros, 94. *Ver também* Apoio dos outros; Relacionamentos
Depressão, 64
Descendo a Escada em Espiral, prática, 32
Descrevendo. *Ver também* Nomeando emoções
    regulação emocional e, 38-39
    visão geral, 25-29, 30-32, 40-42
Deverias, 9, 24, 28-29
Diagnóstico, reações ao, 7-8
Dialética, 3
Diário, 75-76. *Ver também* Escrita, estratégias de
Distração, estratégias de, 15, 59-61
Dor, 78, 85-86

E

Emoção primária, 37-38. *Ver também* Circuito de *feedback* negativo; Emoções
Emoções, 38-40, 48-50, 96-97, 99-100. *Ver também* Emoções
Emoções. *Ver também* Ansiedade; Emoções; Estresse; Expressando emoções; Luto; Medo; Pensamentos; Tristeza
    aspectos positivos das, 36-37
    circuito de *feedback* negativo e, 13-14
    descrevendo, 40-42
    emoções primárias, 37
    emoções secundárias, 38
    enfrentando emoções, 38-40
    enfrentando fatos estressantes e, 133
    estratégias dialéticas e, 15-18, 16*f*
    expressão, 43
    habilidades de *mindfulness*, 25-26, 28-33
    mente sábia e, 43-44
    reações inúteis e, 37-38
    reconhecendo, 49-53
    regulação emocional e, 38-40
    relacionamentos e, 96-97, 99-100
    tolerando estresse intenso, 44-46
    tomada de decisão e, 20-21
    visão geral, 7-13, 35-44
Emoções secundárias, 38. *Ver também* Circuito de *feedback* negativo; Emoções
Emprego, problemas no, 118-125, 134
Encorajamento dos outros, 94. *Ver também* Apoio dos outros; Relacionamentos

Enfrentamento, visão geral do, 2-4
Enfrente os fatos. *Ver também* Aceitação;
Verifique os fatos
    colegas e, 120
    enfrentando fatos estressantes e, 22, 130-134
    provedores médicos e, 113-115
    vivendo de forma significativa e, 128-133
Ensaio encoberto do enfrentamento efetivo, 57-59
Equilíbrio. *Ver também* Perspectiva equilibrada
    encontrando por meio das estratégias dialéticas, 15-18, 16*f*
    enfrentando fatos estressantes e, 132
    raiva e, 81-84
    regulação emocional e, 43-44
    tomada de decisão e, 20-21, 27-30
    tristeza e luto e, 68-70
    visão geral, 3-4
Escolhas, 19-20, 24-30. *Ver também* Tomada de decisão
Escrita, estratégias de, 60-62, 75-76
Esperança, 15, 18
Espiritualidade, 137-141
Estados da mente, 15-16, 16*f*
Estratégias dialéticas
    colegas e, 120
    encontrando equilíbrio por meio das, 15-18, 16*f*
    medo, ansiedade e estresse e, 56-58
    prestadores médicos e, 112-114
    raiva e, 83-84
    relacionamentos e, 99-101, 112-114, 120
    tristeza e luto e, 68
    visão geral, 15-18
Estresse. *Ver também* Ansiedade
    ação oposta e, 53-58
    antecipando, 57-60
    circuito de *feedback* negativo e, 47-49
    enfrentando, 48-50
    mente sábia e, 53-54
    problemas com o sono e, 61-62
    reconhecendo, 49-53
    tolerando estresse intenso e, 59-62
    verificando os fatos e, 52-54
    visão geral, 47-48
Evitação, 38-40, 54-55
Exercício, 71-72, 82, 137-139
Exercício físico, 71-72, 82, 137-139
Expressando emoções. *Ver também* Emoções
    colegas e, 124
    comunicação e, 104-105
    conectando com o que é significativo e, 134-135
    medo, ansiedade e estresse e, 50-53
    mente sábia e, 43-44
    prestadores médicos e, 116-117

F

Fadiga, 122-124
FAST, 115-118, 123-125. *Ver também* Habilidades e estratégias de comunicação
Fazendo a diferença para os outros, 75-76, 134-137
Fazendo anotações durante consultas e reuniões, 115-116
Fazendo para os outros, 75-76, 134-137
Fé, 137-141
Feedback negativo, circuito de. *Ver* Circuito de *feedback* negativo
Filhos, falando com os, 100-102, 137

G

GIVE. *Ver também* Habilidades e estratégias de comunicação; Relacionamentos
    colegas e, 123-125
    prestadores médicos e, 115-116
    visão geral, 106-107
Gosto, 72-73, 85
Gratidão, 70-72
Gravando encontros e consultas, 115-116

H

Habilidade STOP, 79-82
Habilidades e estratégias. *Ver também* Habilidades individuais e estratégias
    ação oposta, 53-57
    antecipação, 57-58
    atividades prazerosas, 73-74

autoacalmar-se com sensações físicas, 85-86
autoinstrução, 55-57, 70-71, 88-91, 96-98, 121-122, 132-133
avaliação do significado, 134-135
construindo maestria, 74-76
contribuir, 75-76
DEAR MAN, 103-104
diário, 75-76
dificuldade de atenção, manejo, 123-124
estratégias dialéticas, 15-17, 56-58
FAST, 116-117
GIVE, 106-107
imagens mentais, 86-87
maestria, 74-75
mãos dispostas, 131
meio-sorriso, 131
mente sábia, 15-16, 20, 32
não julgamento, 33
redução da temperatura corporal, 83
regulação emocional, 38-39, 65
relaxamento muscular pareado, 45-46
respiração, 45, 55-56, 72-73. *Ver também* Respiração e estratégias respiratórias
riso, 73-74
sensações prazerosas, 72-74
solução de problemas, 44
STOP, 79
tolerância ao mal-estar, 44-46, 59-62
tomada de decisão, 27
verificar os fatos, 38-39, 42, 52-53
Habilidades e estratégias de comunicação
antecipando e, 59-60
colegas e, 118-119, 123-125
comunicação direta, 102-107
DEAR MAN e, 103-107, 115-118
falando com os filhos, 100-102
FAST e, 115-118
GIVE e, 106-107, 115-116
perguntando efetivamente, 102-107
prestadores médicos e, 115-118
relacionamentos e, 102-108, 115-119, 123-125
visão geral, 105-107, 109-110

Habilidades e estratégias de relaxamento. *Ver* Respiração e estratégias respiratórias; Relaxamento muscular pareado
Humanidade compartilhada, 88-90
Humor, 73-75

I

Imagens mentais, estratégias de, 85-87
antecipando e, 57-58
enfrentando fatos estressantes e, 133-134
Insônia, 61-62
Intimidade, 108. *Ver também* Relacionamentos
Intimidade física, 108. *Ver também* Relacionamentos
Isolamento, 94, 118-119. *Ver também* Relacionamentos

J

Julgamentos. *Ver também* Pensamentos
autoinstrução compassiva e, 89-90
circuito de *feedback* negativo e, 38
colegas e, 119-120
comunicação e, 104-105
descrevendo experiências e, 41-42
enfrentando fatos estressantes e, 131-132
habilidades de *mindfulness* e, 26, 32
medo, ansiedade e estresse e, 48-50, 52-53
praticando não julgamento, 33
raiva e, 81, 83-84
relacionamentos e, 96-97, 99-100
tristeza e luto e, 71-72
visão geral, 23-24

L

Local de trabalho, 118-125, 134
Lógica, 20
Lutar-fugir-congelar, 13-14, 79. *Ver também* Sensações físicas
Luto. *Ver também* Emoções; Tristeza
avaliando e manejando, 65-68
comportamentos e atividades que podem ajudar com, 73-76

reduzindo, 65-68
visão geral, 64

M

Mal-estar, tolerância ao. *Ver também* Regulação emocional
  autoacalmar-se e raiva e, 85-86
  enfrentando fatos estressantes e, 133-134
  estratégias, 44-46, 59-62
Mãos dispostas, estratégia das, 127, 131
Medicação, 61-62
Médicos, 110-118
Medo. *Ver também* Ansiedade; Emoções
  ação oposta e, 53-58
  antecipando, 57-60
  aspectos positivos do, 37
  circuito de *feedback* negativo e, 47-49
  enfrentando, 48-50
  mente sábia e, 53-54
  pensamentos e, 12
  problemas com o sono e, 61-62
  reconhecendo, 49-53
  tolerando estresse intenso e, 59-62
  verificando os fatos e, 52-54
  visão geral, 10, 12, 37, 47-48
Meio-sorriso, estratégia do, 127, 131
Memória, problemas de, 122-124
Mente emocional
  relacionamentos e, 94-97
  tomada de decisão e, 28-29
  visão geral, 15-16, 16*f*
Mente racional, 15-16, 16*f*, 95-97
Mente sábia
  colegas e, 121-124
  enfrentando fatos estressantes e, 132
  medo, ansiedade e estresse e, 53-54
  praticando, 32
  prestadores médicos e, 114-116
  raiva e, 79, 81-82
  regulação emocional e, 38-39, 43-44
  relacionamentos e, 95-102, 114-116, 121-124
  sensações físicas e, 26
  tomada de decisão e, 20-21, 27, 28-30
  tristeza e luto e, 68

visão geral, 15-16, 16*f*, 20
Mindfulness
  benefícios de, 24-25
  colegas e, 124
  comunicação e, 105-106, 117-118, 124
  enfrentando fatos estressantes e, 130-133
  exercícios práticos, 29-33
  habilidades de *mindfulness*, 25-30
  provedores médicos e, 117-118
  raiva e, 79-80
  tomada de decisão e, 19-20, 25-30
  tristeza e luto e, 65
  visão geral, 21-25
Momento presente, 22-23, 60-61. *Ver também Mindfulness*; Prestando atenção
Mortalidade, enfrentando, 128-131
Mudança, abertura à, 18
Mudanças físicas, 54-56, 71-74, 82-83

N

Natureza, 137-139
Negociação, 106-107, 117-118, 125. *Ver também* Habilidades e estratégias de comunicação
Nomeando emoções. *Ver também* Descrevendo; Nomear para domar; Rotulando reações e experiências
  antecipando e, 57-59
  colegas e, 118-119
  medo, 50-51
  raiva, 80
  relacionamentos e, 99-100, 118-119
  tristeza e luto, 66
  visão geral, 40-42, 50-51
Nomeando objetos, 60-61
Nomear para domar. *Ver também* Nomeando emoções
  medo, ansiedade e estresse e, 50-51
  raiva e, 80
  tristeza e luto e, 66
  visão geral, 40-41

O

Observando, 25-32

emoções, 26, 28-29, 40-41, 50-51, 66, 79-80, 118-119. *Ver também* Emoções
pensamentos, 26-28, 67, 79-81. *Ver também* Pensamentos
sensações corporais, 25-27, 66-67, 79. *Ver também* Sensações físicas
Olfato, 73-74, 85
Opiniões, 23-24. *Ver também* Pensamentos
Oração, 139-140
Ouvindo os outros, 97-99. *Ver também* Habilidades e estratégias de comunicação; Relacionamentos

P

Palma da mão aberta, imagem da, 39-40
Pedra no Lago, prática, 32
Pensamentos. *Ver também* Suposições; Emoções
   ação oposta e, 55-58
   circuito de *feedback* negativo e, 13-14
   enfrentando fatos estressantes e, 131-133
   estratégias dialéticas e, 15-18, 16*f*
   habilidades de *mindfulness* e, 25-33
   medo, ansiedade e estresse e, 51-53, 55-58
   problemas com o sono e, 61-62
   raiva e, 80-81, 83-84
   relacionamentos e, 96-97
   tristeza e luto e, 67
   visão geral, 7-8, 11-13
Pensamentos positivos, 52-53, 69-72. *Ver também* Pensamentos
Perda, 10, 78. *Ver também* Tristeza
Pergunta construtiva, 102-107 *Ver também* Habilidades e estratégias de comunicação
Perspectiva equilibrada, 15-18, 16*f*, 122-123. *Ver também* Equilíbrio; Estratégias dialéticas; Tomada de perspectiva
Postura, 54-55, 72-73
Preocupação, 15, 57-58, 61-62
Prestadores médicos, 110-118
Prestando atenção. *Ver também Mindfulness*; Observando

raiva e, 79-80
regulação emocional e, 25, 38-39
tristeza e luto e, 66-67
Preto e branco, pensamento em, 29-30
Prioridades, 134-138

R

Raiva. *Ver também* Emoções
   ação oposta e, 82-84, 87-88
   aspectos positivos da, 37
   autoacalmar-se e, 84-87
   autocuidados e, 86-89
   autoinstrução e, 88-91
   habilidade STOP e, 79-82
   reconhecendo, 79-81
   visão geral, 11, 37, 77-78
Reações a um diagnóstico, 8-9, 40-42, 47-48
Recebendo, 135-137. *Ver também* Apoio dos outros
Reduzindo a temperatura corporal, 82-83
Regulação emocional. *Ver também* Emoções
   colegas e, 123-124
   comunicação e, 102-104, 114-116, 123-124
   prestadores médicos e, 114-116
   tolerando estresse intenso, 44-46
   visão geral, 38-40
Relacionamentos
   com colegas, 118-125
   com prestadores médicos, 110-118
   comunicação e, 102-108
   conectando-se com o que é significativo, 134-138
   conversando com crianças, 100-102
   fontes de significado, 140-141
   mitos, 95-97
   promovendo conexões e, 95-103
   raiva e, 78
   tristeza e, 64
   visão geral, 93-96, 109-110
Relaxamento muscular. *Ver* Relaxamento muscular pareado
Relaxamento muscular pareado
   enfrentando fatos estressantes e, 130-131

raiva e, 82
tolerando estresse intenso e, 45-46
Respiração coerente, 54-56, 59-60.
   Ver também Respiração e estratégias
   respiratórias
Respiração compassada. *Ver também*
   Respiração e estratégias respiratórias
   antecipando e, 59-60
   enfrentando fatos estressantes e,
      130-131
   raiva e, 82
   tolerando estresse intenso e, 45
Respiração e estratégias respiratórias.
   Ver também Mindfulness
   antecipando e, 59-60
   enfrentando fatos estressantes e,
      130-131
   medo, ansiedade e estresse e, 54-56
   pausas entre a inspiração e a expiração,
      32
   raiva e, 79, 82
   respiração coerente, 54-56
   respiração compassada, 45
   respiração Ha, 72-73
   sensações físicas e, 25-26
   tolerando estresse intenso e, 45
   tristeza e luto e, 72-73
Respiração Ha, 72-73. *Ver também*
   Respiração e estratégias respiratórias
Resposta corporal. *Ver* Sensações físicas
Riso, 73-75
Ritual, 139-140
Rotulando reações e experiências, 49-53,
   80. *Ver também* Descrevendo; Nomeando
   emoções

S

Sensações físicas. *Ver também* Tato
   ação oposta e, 54-56
   autoacalmar-se, 84-85
   circuito de *feedback* negativo e, 13-14,
      38
   enfrentando fatos estressantes e,
      130-131
   estratégias dialéticas e, 15-18, 16*f*
   habilidades de *mindfulness* e, 25-33

medo, ansiedade e estresse e, 50-52,
   54-56
prestando atenção ao corpo e, 25
tristeza e luto e, 66-67, 71-74
visão geral, 9, 13
Sensações prazerosas, 72-74, 84-85
Sexo, 108. *Ver também* Relacionamentos
Significado, avaliação do, 134-135
Sintomas, 25, 122-124
Sistema imunológico, 78
Solução de problemas, estratégias de, 44
Sono, problemas com o, 61-62
Sons, 73-74, 85
Suposições. *Ver também* Pensamentos
   checando a acurácia das, 41-42
   colegas e, 119-120, 122-123
   comunicação e, 104-105, 111,
      119-120, 122-123
   descrevendo experiências e, 41-42
   enfrentando fatos estressantes e,
      131-132
   estratégias de solução de problemas
      e, 44
   medo, ansiedade e estresse e, 51-53
   prestadores médicos e, 111
   raiva e, 81
   relacionamentos e, 96-98, 111,
      119-120, 122-123
   tristeza e luto e, 67-68
   visão geral, 11-12, 23-24

T

Tato, 55-56, 73-74, 84-85. *Ver também*
   Sensações físicas
Temperatura corporal, 82-83
Terapia comportamental dialética (DBT),
   2-4
Tomada de decisão
   colegas e, 121-122
   estratégias de solução de problemas
      e, 44
   habilidades de *mindfulness* e, 25-30
   mente sábia e, 20-21
   visão geral, 19-20
Tomada de perspectiva, 84, 97-99, 120.
   Ver também Perspectiva equilibrada

Tranquilização dos outros, 94. *Ver também* Apoio dos outros; Relacionamentos

Tristeza. *Ver também* Emoções; Luto; Perda
   ação oposta e, 69-72
   aspectos positivos da, 37
   avaliando e manejando, 65-68
   comportamentos e atividades que podem ajudar com, 73-76
   comunicação e, 103-104
   mudanças físicas que podem ajudar com, 71-74
   reconhecendo, 66-67
   reduzindo, 65-68
   visão geral, 10, 37, 63-64

V

Validação, 99-100, 107
Valores, 134-141
Vergonha, 87-88
Verifique os fatos. *Ver também* Enfrente os fatos
   antecipando e, 57-59
   colegas e, 119-120
   enfrentando fatores estressantes e, 132
   prestadores médicos e, 112
   raiva e, 81
   regulação emocional e, 38-39
   relacionamentos e, 96-100, 112, 119-120
   tristeza e luto e, 67-68
   visão geral, 41-42, 52-54

Vida significativa. *Ver* Vivendo de forma significativa

Viés de negatividade, 14, 69-70

Visão, 72-73

Vivendo de forma significativa
   conectando-se com o que é significativo, 134-138
   enfrentando fatos estressantes e, 128-134
   fontes de significado, 137-141
   visão geral, 127, 141